"十三五"国家重点图书出版规划项目
中国城市地下管线蓝皮书
Blue Book of China Urban Underground Pineline

2018 Report on China Urban Underground Pineline Development • Water Supply and Drainage

中国城市地下管线发展报告

供排水篇

胡群芳　主编

同济大学出版社
TONGJI UNIVERSITY PRESS

内容提要

Introduction

本书是中国城市规划协会地下管线专业委员会围绕城市地下管线供排水管网系统发展开展的系列专题技术报告，2018 年主题为“守护城市供排水管线安全，提升构建城市韧性”。

全书在系统总结当前我国城市供排水管线安全事件及相关众多应对措施的基础上，梳理我国“十三五”以来截至 2017 年底供排水管线的发展现状，剖析管线运维安全存在的主要问题，提炼管线普查、检测、修复和信息化管理的科技与实践，总结国内外管线安全科技发展趋势及优秀案例，兼具数据资讯和动态进展的科技与实践价值，并为国家及地方政府相关部门、管线行业部门、企业及科研机构以及关心行业发展的读者掌握全国供排水管线安全态势和科技发展水平提供了方便快捷的途径。

全书围绕“供排水管线安全”主题，分为四个篇章，包含十三章节，具体内容如下：

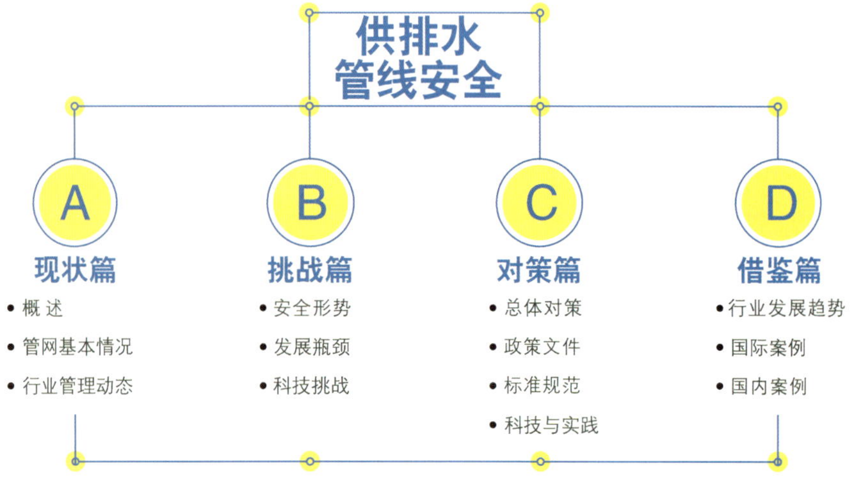

作为我国第一本系统全面介绍城市市政管网运行安全的专业图书，其内容涵盖了我国供排水管线的发展现状、供排水管线安全挑战、对策与措施以及国内外技术和优秀案例等，报告数据充分，内容系统翔实，具有

广泛的参考价值。

本书全面展现了我国城市供排水管线的安全运维和风险防范的管理水平，对我国规模庞大的市政基础设施规划、建设、运营维护和精细化管理都有极大的指导意义，可作为行业发展总结和相关政策制定的依据。

通过系统介绍国内外最新技术与行业协会组织等专业咨询，本书能为本行业提供全面有针对性的技术资料，同时，亦可作为技术参考书籍与培训教材，供高校相关专业师生、相关企业研发与管理人员及工程施工人员使用，亦可供关心城市管线发展的人员参阅和交流使用。

本书的编撰先后得到了国家重点研发计划“城市市政管网运行安全保障技术研究”（2016YFC0802400）、“重大综合灾害耦合实践和模拟技术与设备”（2017YFC0803300）、“既有城市住区功能提升与改造技术”（2018YFC0704800）、上海市科委项目“城市复杂地下管线探测理论及风险预警技术研究”（19DZ1201702）和中国工程院重点咨询项目“城市地下设施安全管控战略研究”（2019-XZ-66）等项目的共同资助。其中，项目“重大综合灾害耦合实践和模拟技术与设备”重点资助了本书的出版，在此向所有对本书作出贡献的单位和个人表示衷心的感谢！

编写组

2020 年 10 月

编制人员
Editorial Committee

编制单位
Compilation Unit

组织单位：中国城市规划协会地下管线专业委员会

主编单位：同济大学

参编单位：（排名不分先后）

住房与城乡建设部市政给水排水标委会
中国城镇供水排水协会县镇工作委员会
北京市新技术应用研究所
上海市供水调度监测中心
上海市供水管理处
上海市排水管理处
北京市自来水集团有限责任公司
上海城投水务（集团）有限公司供水分公司
上海同济城市规划设计研究院有限公司
上海勘察设计研究院(集团)有限公司
广州市城市规划勘测设计研究院
广州市天驰测绘技术有限公司
正元地理信息集团股份有限公司
青岛市勘察测绘研究院
保定金迪地下管线探测工程有限公司
武汉中仪物联技术股份有限公司
武汉特瑞升电子科技有限公司
赛飞特工程技术集团有限公司
北京埃德尔黛威新技术有限公司
福州市城区水系联排联调中心
南京师范大学
赛莱默（中国）有限公司
中裕软管科技股份有限公司
新兴铸管股份有限公司

序一
Preface One

2019 年以来，全国各地城市先后出现地面塌陷、爆管、爆炸等严重的管网运行安全事件，直接影响并威胁城市运行安全问题，尤其是西宁市“1·13”公交车站路面塌陷重大事故灾难，共造成 10 人遇难，17 人受伤。该事故发生后，习近平总书记迅速做出重要批示，要求加强重视城市安全发展与道路塌陷治理工作。同时，李克强总理亲临现场进行视察指导，并指出“各地要举一反三，认真排查整治公共设施安全隐患，解决好历史积累问题，确保新建工程质量，城市建设既要‘面子’，又要‘里子’，地上要建好，地下设施也要建好，群众有安全感才有幸福感”。城市路面塌陷问题频发，一方面与周边不良地质条件、外部雨水环境及邻近施工扰动破坏等因素有关；另一方面也暴露出城市地下管网尤其是供排水管网系统存在严重的病害隐患。当前，城市市政管网运行安全问题已成为我国公共安全领域的迫切需求和焦点问题。

改革开放以来，我国城市化进程得到迅速发展，截至 2019 年底我国城镇化率已达到 60.6%。大量的人口进入并居住在城市，给城市建设、社会及经济发展带来动力的同时，也对保障城市运行安全的城市生命线工程尤其是供排水管网系统提出了新的需求和挑战。作为城镇化建设的主要基础设施，截至 2018 年底我国城市市政管网得到飞速发展，其中，供水和排水主干管线长度分别达 86.7 万 km 和 68.3 万 km。然而，长期以来，我国城市地下管线建设与运行管理水平严重滞后于城市发展水平，市政管网系统中各类突发事故包括泄漏、爆管、爆炸、路面塌陷以及运行安全事件频发，给全社会带来巨大的资源浪费、经济损失和人员伤亡，造成严重的社会影响，严重制约城市安全、正常稳定运行，引起全社会的高度关注。

2013 年以来，党中央、国务院和各部委、各地政府围绕加强城市安全发展、地下管线建设管理和运营安全治理等出台了系列指导文件，具体部署加强城市基础设施和市政管网建设和管理工作。与此同时，在国际范围内，城市市政管网运行安全问题同样受到高度的重视，美国、英国、德国、日本等发达国家相继出台文件和重大研究计划，指导加强地下管网系统运行安全保障工作。

城市市政管网是保障城市安全的重要基础和关键命脉。大量的城市市政管网建设迅速发展，其面临的运行安全问题也日益突出，尤其是市政管网存在的“家底不明、现状不清、信息不全、技术手段落后”等现状，已成为当前迫切需要解决的重大问题。近年来，由此引发的城市市政管网运行安全事件事故已呈明显的增长趋势，亟须对此开展调研、分析、研判与部署。基于上述背景和需求，中国城市规划协会地下管线专业委员会邀请同济大学牵头组织编写了《2018 中国城市地下管线发展报告——供排水篇》，并在全行业多家单位共同支持下完成编著出版工作，这是一项具有重要意义的工作部署，可以预期该《报告》的正式出版，必将对促进和推动国家及地方政府相关部门、管线行业部门、企业及科研机构深入了解行业发展现状、探讨存在的瓶颈问题和紧跟国际前沿发展动态等具有重要的指导与借鉴。

是以为序！

王复明

2020 年 10 月

序二

Preface Two

当前，我国已全面进入小康社会阶段，2019 年底我国城镇化率已达到 60%以上，伴随着城市人口、功能和规模不断扩大，其发展方式、产业结构和区域布局也将随之发生变化，由此带来的城市建设规模和运行系统日趋复杂，其面临潜在安全风险日益凸显。近年来，城市基础设施尤其是市政管网运行中暴露的泄漏、爆管、爆炸、地面塌陷等问题，已成为制约城市安全、正常运行的关键问题。据统计，全国每年供水系统漏水 80 亿 m^3 以上，大量漏水造成大量宝贵水资源浪费，引发或诱发地面塌陷、爆管积水等问题，对社会安全造成不利的影响。与此同时，排水管网系统也存在大量内漏、污水泄漏及暴雨积水、城市内涝等问题，暴露现有管网系统存在严重的病害状况。统计近三年来，因城市供排水管网中各类事故灾害引起的直接损失每年达 500 亿元以上，由此导致的间接损失和社会影响更是十分巨大。

众所周知，城市地下管线包括供水、排水等管网是城市重要的生命线工程，是支撑城市安全平稳发展的“里子”工程，事关国家可持续发展、绿色生态文明以及和谐社会的构建。党中央、国务院和各级政府都高度重视城市供排水建设发展与运行安全管理。2013 年以来，中共中央办公厅、国务院办公厅印发了系列文件，提出了加强城市基础设施、城市地下管线、城市安全发展等指导意见。2019 年，住房和城乡建设部围绕城市供排水存在的瓶颈问题和现状情况，先后发布了《关于印发城镇污水处理提质增效三年行动方案（2019—2021 年）的通知（建城〔2019〕52 号）》《加强城市地下管线建设管理（建城〔2019〕100 号）》两个文件，上述文件对破解城市地下管网尤其是供排水管网建设管理与运行安全保障问题做出了规划、提出了要求、指明了方向。城市市政管网尤其是供排水系统运行安全问题已成为当前及未来国家城市发展重点关注领域和大力投入行业。

中国城市规划协会地下管线专业委员会作为我国城市地下管线行业

的专业型社会组织，长期以来持续支持并引导城镇地下管线规划、建设、管理、运维和应急处置等全生命周期管理工作，有序指导并引导行业发展进步，为全行业和各企事业单位提供服务与支持。2019 年 5 月，地下管线专委会委托同济大学牵头组织编写了《2018 中国城市地下管线发展报告——供排水篇》（以下简称《报告》），历时一年多经过系统调研和讨论，在全行业单位的支持下共同完成编著出版工作。作为行业系列专业发展报告，在系统总结当前我国城市供排水管线安全事件及相关众多应对措施的基础上，梳理了我国"十三五"以来供排水管线的发展现状，剖析了供排水管网运维安全中存在的主要问题，提炼了管线普查、检测、修复和信息化管理的科技与实践，并总结了国内外管线安全科技发展趋势及优秀案例，报告内容丰富，数据信息翔实，兼具丰富的发展资讯和先进的动态进展等科技与实践价值。该《报告》的出版将对国家及地方政府相关部门、管线行业部门、企业及科研机构具有重要的参考和指导价值。

是以为序！

唐凯

2020 年 10 月

前言

Foreword

改革开放四十年以来，我国城镇化得到了快速发展。截至 2017 年年底，全国常住人口城镇化率已达 59.58%，大量人口进入城市一方面带动城市社会经济的发展，另一方面也推动了城市基础设施尤其是市政管网系统的飞速发展。据 2017 年中华人民共和国住房和城乡建设部统计，全国城市供水管网长度已达 797 355 km、排水管网长度已达 630 304 km（图 1）。

图 1　我国城市城镇化率与供排水管网发展

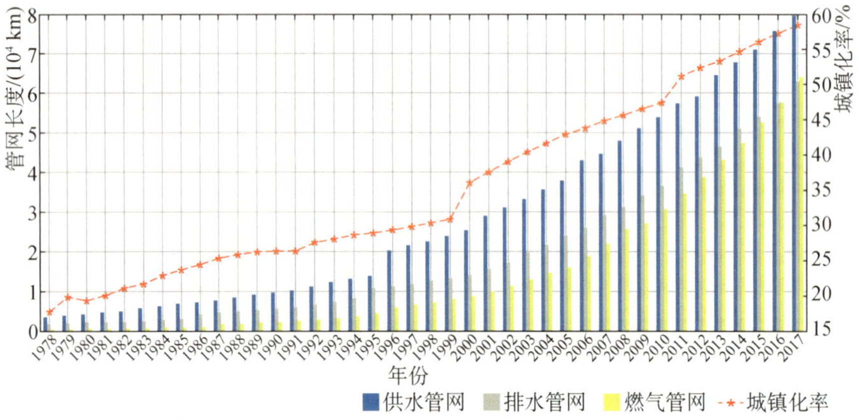

庞大的城市供排水管网系统在高速建设发展的同时，也面临诸多问题与挑战，尤其是其安全运行形势严峻。城市供排水管网日常运行中发生泄漏、爆管、塌陷、服务中断及系统瘫痪等问题突出，同时，管网系统一旦遭遇极端天气变化、外界第三方活动和地震、冰冻等自然灾害，将会发生严重的问题甚至影响整个城市运行安全。据不完全统计，每年我国城市供水系统仅漏水就达 80 亿 m^3 以上，供排水管网系统中各类事故灾害损失累计达 500 亿元以上。因此，应从管道、管网系统和功能网络三个层次来考虑城市供排水系统运行安全。为了建构起管网系统病害诊断、检测监测、运行预警和更新改造等系列技术体系，有必要对我国城市供排水管网系统现状、挑战、对策和借鉴等方面进行全面分析，通过开展基础数据调查收集、现状情况调研分析、国内外最新技术发展动态借鉴参考等工作，为我国后续阶段行业发展提供专业化的参考解决方案与指导。这正是本次在中国城市规划协会地下管线专业委员会的领导下，在同济大学牵头组织下，邀请国内外行业代表和知名专家组成编写组，联合启动编制《2018 中国城市地下管线发展报告——供排水篇》的初衷与目的。

我们相信，该图书的出版将为我国城市供排水行业指明方向、提供数据和支撑发展！

目录
Confents

A 现状篇 Current Situation | B 挑战篇 Challenge

C 对策篇 Countermeasure

D 借鉴篇 Case

现状篇
Current Situation

A

1 概述

1.1 供排水管网的地位与作用

改革开放以来，我国城市化迅速发展，城市规模不断扩大，城市现代化步伐不断加快，城市供排水工程在城市中所占的比重也在不断上升，供排水管网的埋设数量也越来越大，覆盖范围越来越广，城市对供排水管网的依赖程度也越来越高。

水是万物之源。自然界的生物离不开水，人类的聚居地聚落也离不开水。城市作为人类生产生活的主要聚居地，每天需要消耗大量的水用于居民生活、工业生产和农业灌溉等基本的需求，水是保障城市正常生产生活的重要资源。与此同时，水也是限定和决定城市的性质、规模、产业结构和发展方向的重要资源。城市供水网络是联系水厂和用户的桥梁，保障水资源正常供给，推动了城市的有序发展。排水管网是将污水和雨水等收集、运输、处理的重要设施。污水管网将人类社会使用清洁水资源后排出的污水进行收集、输运，减少水环境污染、防治疾病；雨水管网收集自然降水、排放进入自然水体，降低城镇暴雨内涝风险。可见，城市供水和排水管网是城市重要的生命线，对保障城市功能正常运转、推动城市经济社会发展、支撑城镇化进程和我国现代化建设起着十分重要的作用。

然而，随着我国城镇化的高速推进，城市的供排水管网设施建设虽然取得了很大的发展，但同时也面临着很多严峻的挑战。统计近 15 年来我国城镇市政管线事故数据，燃气、供水和排水管道事故约占 80%，每年约 2 000 起，因灾害或事故年损失高达 450 亿元以上。与此同时，爆管、污水冒溢、地面塌陷等各种管线事故时有发生，对城市运行安全构成严重威胁。例如，2019 年 12 月，某市某城区污水管网施工现场塌方事故导致施工人员 4 人被埋；2019 年 12 月 1 日，某市因路面塌陷导致 2 车掉入、3 人失联，受影响公交线路 30 条，附近 8 万市民疏散。

因此，从整体上来看，目前我国城镇供排水管网快速发展，在数量和规模上快速增加的同时，也应注重质量、内涵的提升，加强城市供排水管网建设管理，统筹管网建设、管理维护、应急防灾等全生命周期过程，提高管网的安全性能，从而整体上促进我国城镇高质量韧性发展。因此，从供排水管网中所存在种种问题尤其是安全问题出发，描述问题并分析原因，探讨当前的关键技术和对策，对供排水管网行业的发展提供借鉴，正是本书所希望能够起到的作用。

1.2 供排水管网发展规模

近年来，我国供排水管网的总体规模不断扩大，据近年来的《中国城乡建设统计年鉴》，截至 2017 年年底，全国城市供水管网的长度约 79.7 万 km，是 2000 年管网长度的 3 倍有余；全国城市排水管网的长度约 63.0 万 km，是 2000 年管网长度的 4 倍有余[1-3]。图 1-1 给出 2000—2017 年间全国城市供水、排水管网的里程统计。

图 1-1 2000—2017 年全国供排水管网里程统计

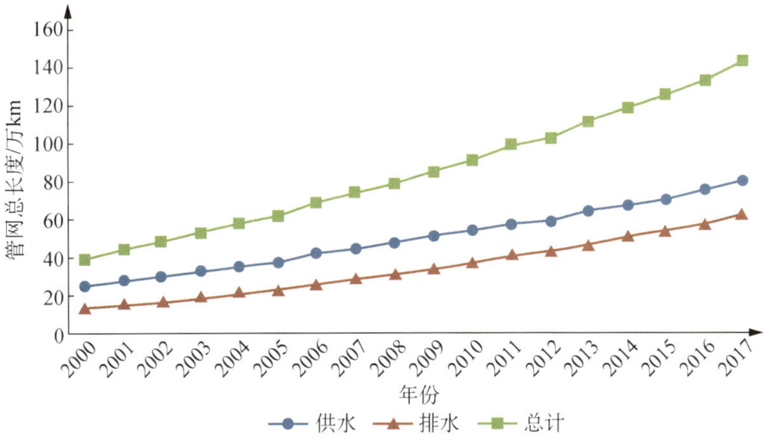

2000—2017 年间，城市排水管网总长度增长率有一定的波动，年平均增长率为 9.20%；城市供水管网总长度增长率也有一定的波动，年平均增长率为 6.98%。二者年增长率见图 1-2。

图 1-2　2000—2017 年全国供排水管网里程增长率统计

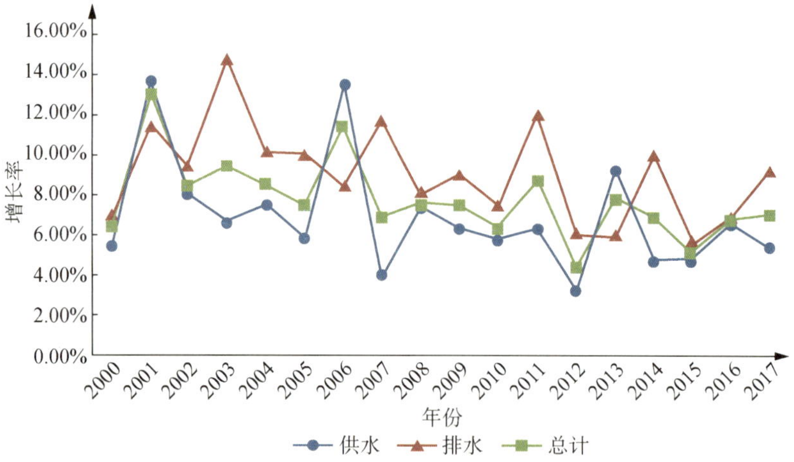

截至 2017 年年末，全国供水综合生产能力和污水排放量总体保持增长的趋势，少数时段有微小的减小，详见图 1-3。

图 1-3　2000—2017 年全国供水综合生产能力和污水排放量统计

从行政区划(不含港澳台地区）来看，2017 年年末，供水管网总长度前三名的省份依次是广东(10.33 万 km)、江苏(9.33 万 km）和浙江(6.92 万 km)，分别占全国供水管网总长度的 13.0%，11.7%和 8.7%；2017 年年末，排水管网总长度前三名的省份依次是江苏(7.69 万 km)、广东(7.02 万 km）和山东(6.03 万 km)，分别占全国排水管网总长度的 12.20%，11.14%和 9.56%。详见表 1-1、表 1-2 和图 1-4。

表 1-1　全国各省份排水管网长度分布情况

省份	供排水管网总长度/万 km	供水管网长度/万 km	所占比例/%	排水管网长度/万 km	所占比例/%
全国	142.766	79.736	—	63.030	—
北京	4.428	2.749	3.45	1.679	2.66
天津	3.979	1.855	2.33	2.124	3.37
河北	3.704	1.871	2.35	1.833	2.91
山西	1.82	1.055	1.32	0.765	1.21
内蒙古	2.222	0.930	1.17	1.292	2.05
辽宁	5.571	3.534	4.43	2.037	3.23
吉林	2.293	1.200	1.51	1.093	1.73
黑龙江	2.788	1.589	1.99	1.199	1.90
上海	5.741	3.764	4.72	1.977	3.14
江苏	17.021	9.332	11.71	7.689	12.20
浙江	11.485	6.918	8.68	4.567	7.25
安徽	5.625	2.714	3.41	2.911	4.62
福建	3.648	2.114	2.65	1.534	2.43
江西	3.409	1.862	2.34	1.547	2.45
山东	11.424	5.396	6.77	6.028	9.56
河南	4.804	2.442	3.06	2.362	3.75
湖北	5.866	3.280	4.12	2.586	4.10
湖南	4.156	2.508	3.15	1.648	2.61
广东	17.351	10.327	12.96	7.024	11.14
广西	3.084	1.853	2.32	1.231	1.95
海南	1.042	0.602	0.76	0.440	0.70
重庆	3.513	1.779	2.23	1.734	2.75
四川	6.87	4.020	5.04	2.850	4.52
贵州	2.165	1.445	1.81	0.720	1.14
云南	2.688	1.326	1.66	1.362	2.16
西藏	0.229	0.164	0.21	0.065	0.10
陕西	1.922	0.952	1.19	0.970	1.54
甘肃	1.223	0.580	0.73	0.643	1.02
青海	0.462	0.271	0.34	0.191	0.30
宁夏	0.473	0.283	0.36	0.190	0.30
新疆	1.762	1.021	1.28	0.741	1.18

表 1-2　全国各省份供水、排水管网统计数据表

省份	供水普及率/%	排水管网长度/km	供水管网长度/km	单位管长漏失量/(万 $m^3\cdot km^{-1}$)	建成区供水管网密度/($km\cdot km^{-2}$)	建成区排水管网密度/($km\cdot km^{-2}$)	人均排水管网长度/(km·万人$^{-1}$)	人均供水管网长度/(km·万人$^{-1}$)	污水处理率/%
全国平均	98.30	20 332.4	24 439.5	1.04	11.46	9.51	15.4	18.5	94.5
北京	100.00	16 794.5	16 104.6	1.33	7.33	6.63	8.9	8.6	97.5
天津	100.00	21 240.2	18 541.2	0.61	16.46	19.14	31.0	27.1	92.6
河北	99.05	18 332.2	16 696.2	1.20	8.36	8.35	10.8	9.8	97.8
山西	97.81	7 645.3	9 279.9	0.88	7.6	6.29	7.6	9.2	92.6
内蒙古	99.10	12 923.4	9 006.7	1.39	7.08	5.88	19.3	13.4	95.6
辽宁	98.45	20 371.9	33 629.4	1.85	12.32	6.69	10.0	16.5	93.3
吉林	94.85	10 932.3	10 769.3	2.42	7.24	5.68	10.7	10.5	91.3
黑龙江	98.53	11 990.4	14 815.6	1.98	8.34	6.33	9.1	11.3	90.0
上海	100.00	19 765.7	37 643.2	1.38	37.69	19.79	8.2	15.6	94.5
江苏	99.98	76 885.7	91 520.8	0.62	15.41	13.59	26.9	32.0	95.3
浙江	100.00	45 674.2	66 697.2	0.56	17.55	13.07	28.0	40.9	95.0
安徽	99.43	29 108.1	25 730.6	0.84	12.65	12.78	24.6	21.8	97.3
福建	99.56	15 334.9	21 120.9	1.49	13.85	9.42	16.3	22.5	92.2
江西	98.11	15 468.8	18 480.9	0.98	11.98	8.84	15.2	18.2	95.4
山东	99.82	60 278.2	49 156.4	0.71	9.93	11.36	19.7	16.1	97.0
河南	95.88	23 623.9	22 923.5	1.17	8.43	8.38	11.4	11.0	96.9
湖北	99.27	25 857.1	31 484.0	1.38	8.97	10.4	14.1	17.2	94.6
湖南	96.52	16 478.8	24 820.9	1.12	13.28	8.49	11.9	18.0	95.5
广东	97.80	70 241.6	102 552.1	1.05	9.4	9.7	17.8	26.0	94.5
广西	97.63	12 304.7	17 334.6	1.12	12.95	8.69	13.7	19.3	94.0
海南	98.40	4 399.0	6 011.8	1.45	18.51	13.5	20.9	28.5	86.8
重庆	98.05	17 335.1	16 678.8	0.98	11.82	11.54	15.5	14.9	95.5
四川	94.91	28 502.0	38 952.7	0.82	13.12	8.47	13.8	18.9	91.5
贵州	96.54	7 194.5	14 428.5	0.81	10.9	5.34	11.5	23.1	94.8
云南	96.71	13 616.3	12 865.5	0.97	10.08	6.23	15.9	15.0	94.1
西藏	92.80	651.4	1 639.7	1.27	10.72	2.73	17.7	44.6	89.0
陕西	95.95	9 703.6	8 564.9	1.50	6.74	3.37	9.7	8.6	92.4
甘肃	98.81	6 428.0	5 606.8	0.79	6.3	5.84	12.1	10.5	94.9
青海	98.93	1 907.2	2 310.2	1.08	11.71	8.01	10.9	13.2	79.3
宁夏	95.66	1 904.2	2 283.4	1.15	5.64	4.1	8.2	9.8	95.3
新疆	98.75	7 410.6	9 975.1	1.07	7.76	4.93	12.9	17.4	89.3

图 1-4　全国各省份供排水管网

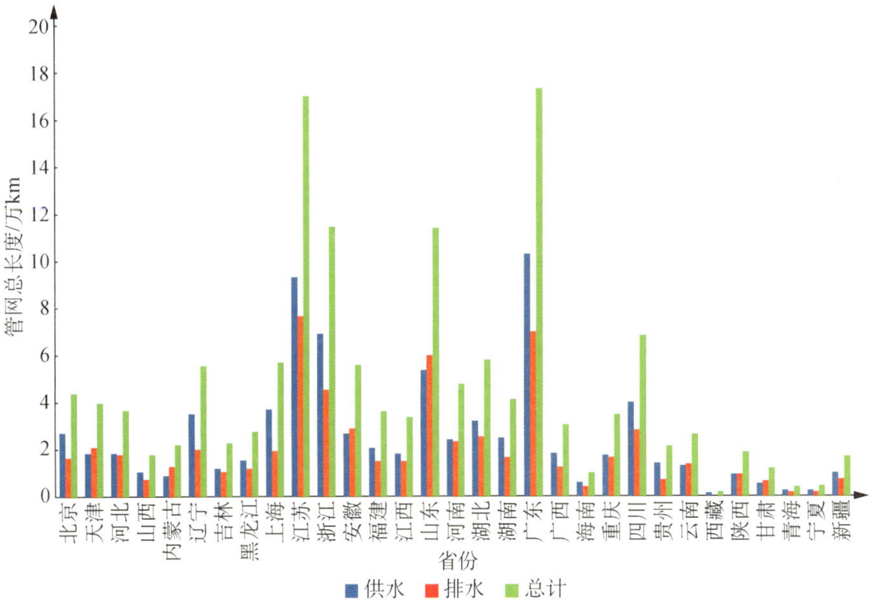

1. 供水普及率

全国供水普及率平均值为 98.3%，低于全国平均值的省份有：山西、吉林、江西、河南、湖南、广东、广西、重庆、四川、贵州、云南、西藏、陕西、宁夏，如图 1-5 所示。

其中，最低的 5 个省份为：西藏(92.8%)、吉林(94.9%)、四川(94.9%)、宁夏(95.7%)、河南(95.9%)。

最高的 5 个省份为：北京(100%)、天津(100%)、上海(100%)、浙江(100%)、江苏(99.98%)。

图 1-5　全国各省份供水管网普及率

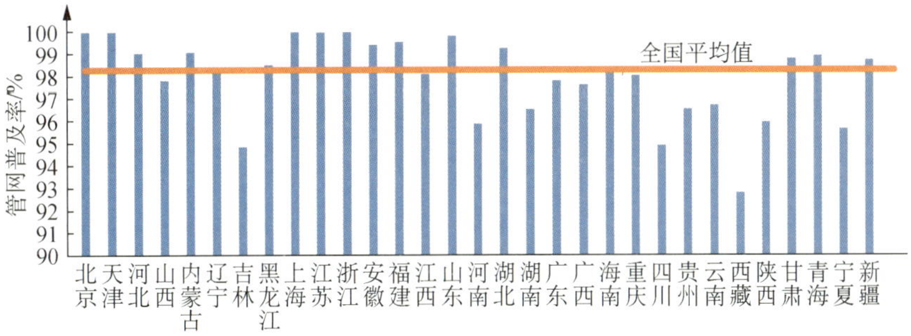

2. 供水管网长度

全国供水管网长度平均值为 24 439 km，低于全国平均值的省份有：北京、天津、河北、山西、内蒙古、吉林、黑龙江、福建、江西、河南、广西、海南、重庆、贵州、云南、西藏、陕西、甘肃、青海、宁夏、新疆，如图 1-6 所示。

其中最低的 5 个省份为：西藏(1 639 km)、宁夏(2 283 km)、青海(2 310 km)、甘肃(5 606 km)、海南(6 012 km)。

最高的 5 个省份为：广东(102 552 km)、江苏(91 520 km)、浙江(66 697 km)、山东(49 156 km)、四川(38 953 km)。

图 1-6　全国各省份供水管网长度

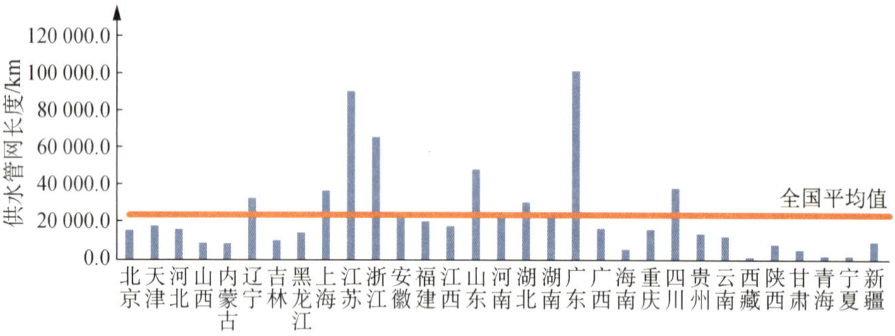

3. 建成区供水管网密度

全国建成区供水管网密度平均值为 11.46 km/km^2，低于全国平均值的省份有：北京、河北、山西、内蒙古、吉林、黑龙江、山东、河南、湖北、广东、贵州、云南、西藏、陕西、甘肃、宁夏、新疆，如图 1-7 所示。

图 1-7　全国各省份建成区供水管网密度(km/km^2)

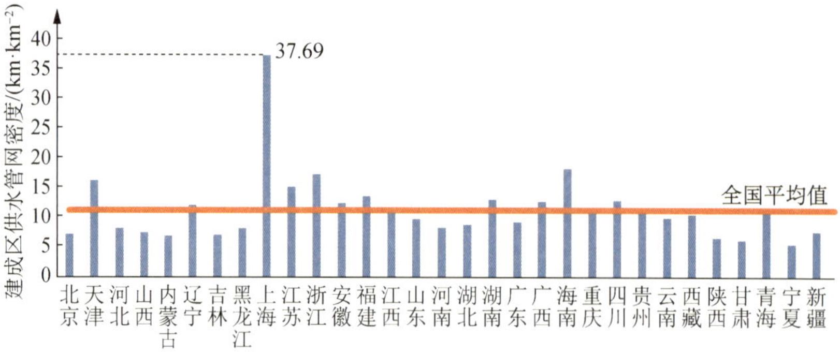

其中最低的 5 个省份为：宁夏（5.64 km/km^2）、甘肃（6.30 km/km^2）、陕西（6.74 km/km^2）、内蒙古（7.08 km/km^2）、吉林（7.24 km/km^2）。

最高的 5 个省份为：上海（37.69 km/km^2）、海南（18.51 km/km^2）、浙江（17.55 km/km^2）、天津（16.46 km/km^2）、江苏（15.41 km/km^2）。

4. 人均供水管网长度

全国人均供水管网长度平均值为 5.5 km/万人，低于全国平均值的省份有：

河北、山西、内蒙古、吉林、黑龙江、安徽、福建、江西、山东、河南、湖北、湖南、广西、重庆、四川、贵州、云南、西藏、陕西、甘肃、青海、宁夏、新疆，如图 1-8 所示。

其中最低的 5 个省份为：甘肃（2.1 km/万人）、河北（2.2 km/万人）、陕西（2.2 km/万人）、河南（2.4 km/万人）、山西（2.5 km/万人）。

最高的 5 个省份为：上海（15.6 km/万人）、天津（11.9 km/万人）、浙江（11.8 km/万人）、江苏（11.4 km/万人）、广东（9.2 km/万人）。

图 1-8　全国各省份人均供水管网长度

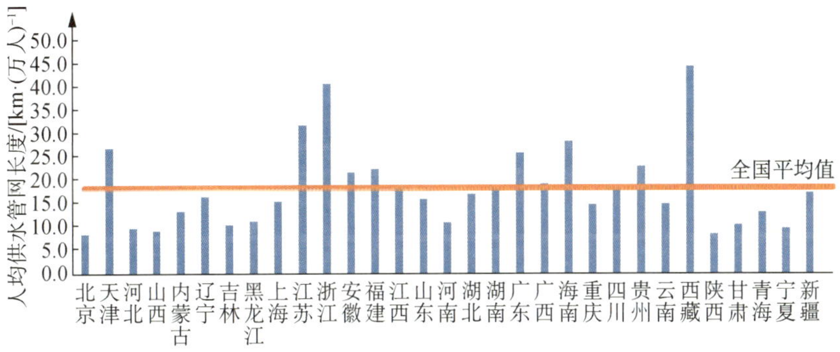

5. 单位管网长度漏失量

单位管网长度漏失量即漏损水量/供水管网长度，全国各省份平均值为1.04 万m^3/km，高于全国平均值的省份有：北京、河北、内蒙古、辽宁、吉林、黑龙江、上海、福建、河南、湖北、湖南、广东、广西、海南、西藏、陕西、青海、宁夏、新疆，如图 1-9 所示。

其中最高的 5 个省份为：吉林（2.42 万 m^3/km）、黑龙江（1.98 万 m^3/km）、辽宁（1.85 万 m^3/km）、陕西（1.50 万 m^3/km）、福建（1.49 万 m^3/km）。

最低的 5 个省份为：浙江（0.56 万 m^3/km）、天津（0.61 万 m^3/km）、

江苏(0.62 万 m^3/km)、山东(0.71 万 m^3/km)、甘肃(0.79 万 m^3/km)。

图 1-9　全国各省份单位管网漏失量

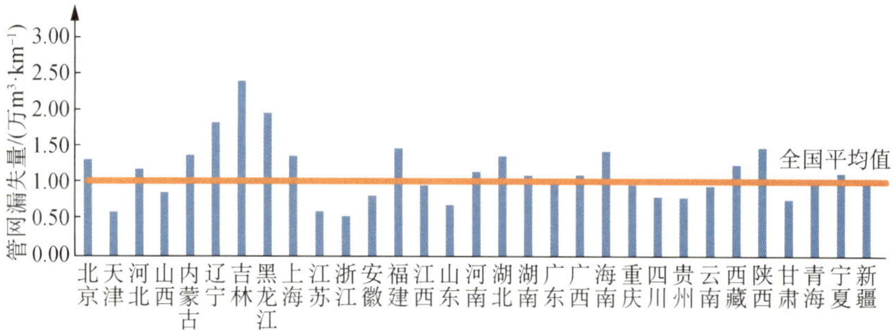

6. 排水管网长度

全国排水管网长度平均值为 20 332 km，低于全国平均值的省份有：北京、河北、山西、内蒙古、吉林、黑龙江、上海、福建、江西、湖南、广西、海南、重庆、贵州、云南、西藏、陕西、甘肃、青海、宁夏、新疆，如图 1-10 所示。

最低的 5 个省份为：西藏(651 km)、宁夏(1 904 km)、青海(1 907 km)、海南(4 399 km)、甘肃(6 427 km)。

最高的 5 个省份为：江苏(76 886 km)、广东(70 242 km)、山东(60 278 km)、浙江(45 674 km)、安徽(29 108 km)。

图 1-10　全国各省份排水管网长度

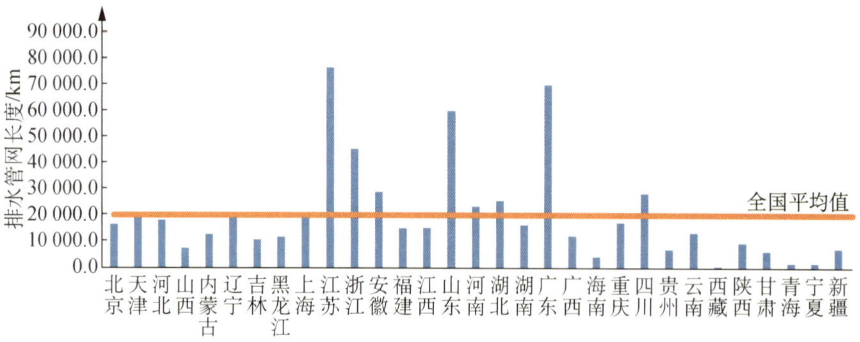

7. 建成区排水管网密度

全国建成区排水管网密度平均值为 9.5 km/km^2，低于全国平均值的省份有：北京、河北、山西、内蒙古、辽宁、吉林、黑龙江、福建、江西、河南、湖南、广西、四川、贵州、云南、西藏、陕西、甘肃、青海、宁夏、新疆，如图 1-11 所示。

其中最低的 5 个省份为：西藏（2.7 km/km²）、陕西（3.4 km/km²）、宁夏（4.1 km/km²）、新疆（4.9 km/km²）、贵州（5.3 km/km²）。

最高的 5 个省份为：上海（19.8 km/km²）、天津（19.1 km/km²）、江苏（13.6 km/km²）、海南（13.5 km/km²）、浙江（13.1 km/km²）。

图 1-11　全国各省份建成区排水管网密度

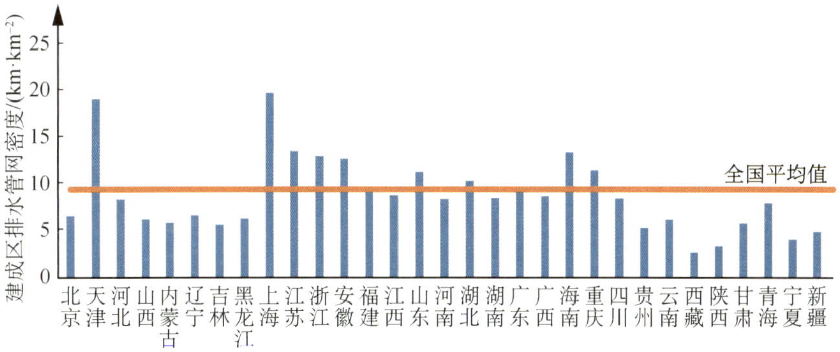

8. 人均排水管网长度

全国人均排水管网长度平均值为 4.5 km/万人，低于全国平均值的省份有：河北、山西、吉林、黑龙江、福建、江西、河南、湖北、湖南、广西、四川、贵州、云南、西藏、陕西、甘肃、青海、宁夏、新疆，如图 1-12 所示。

其中最低的 5 个省份为：西藏（1.9 km/万人）、贵州（2.0 km/万人）、山西（2.1 km/万人）、湖南（2.4 km/万人）、河北（2.4 km/万人）。

最高的 5 个省份为：天津（13.6 km/万人）、江苏（9.6 km/万人）、上海（8.2 km/万人）、浙江（8.1 km/万人）、北京（7.7 km/万人）。

图 1-12　全国各省份人均排水管网长度

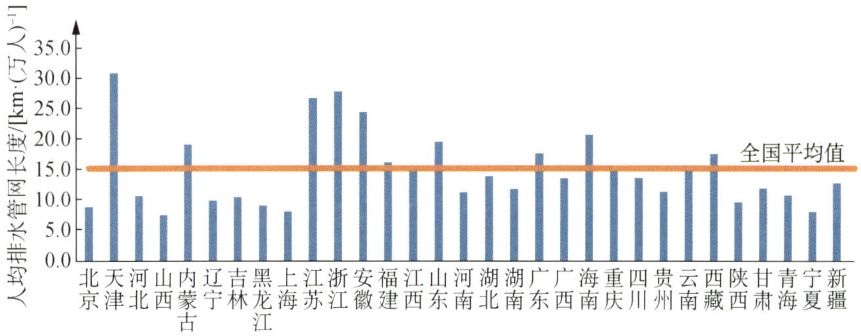

9. 污水处理率

污水处理率全国平均值为 94.54%，污水处理率低于全国平均值的省份有：青海、海南、西藏、新疆、黑龙江、吉林、四川、福建、陕西、天津、山西、广西、辽宁、云南、广东、上海，如图 1-13 所示。

其中最低的 5 个省份为：青海(79.26%)、海南(86.79%)、西藏(88.97%)、新疆(89.32%)、黑龙江(89.95%)。

最高的 5 个省份为：河北(97.79%)、北京(97.53)、安徽(97.30%)、山东(96.95%)、河南(96.92%)。

图 1-13 全国各省份污水处理率

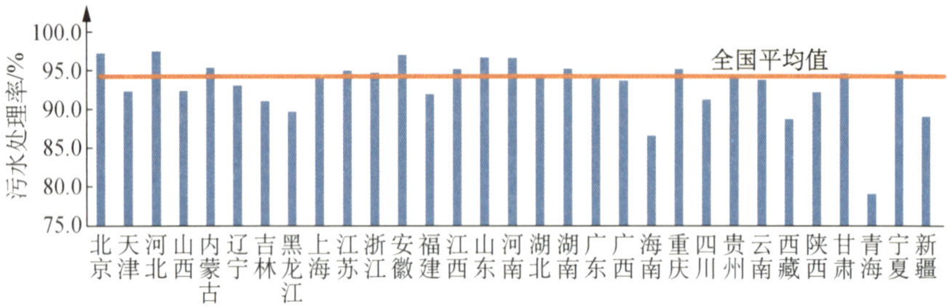

汇总表格：将以上各个指标汇总，全国各省份的情况如表 1-3 所示。

表 1-3 全国各省份供水排水管网指标与全国平均水平的统计表

省份	供水普及率低于全国平均值	建成区供水管网密度低于全国平均值	人均供水管网长度低于全国平均值	管道漏失率高于全国平均值	建成区排水管网密度低于全国平均值	人均排水管网长度低于全国平均值	污水处理率低于全国平均值
北京		√	√	√	√		
天津							√
河北		√	√	√	√	√	
山西	√	√	√		√	√	√
内蒙古		√	√	√	√		
辽宁			√	√	√		√
吉林	√	√	√	√	√	√	√
黑龙江		√	√	√	√	√	√
上海			√	√			√
江苏							
浙江							
安徽							
福建				√	√	√	√

续表

省份	供水普及率低于全国平均值	建成区供水管网密度低于全国平均值	人均供水管网长度低于全国平均值	管道漏失率高于全国平均值	建成区排水管网密度低于全国平均值	人均排水管网长度低于全国平均值	污水处理率低于全国平均值
江西	√		√		√	√	
山东		√	√				
河南	√	√	√	√	√	√	
湖北		√	√	√		√	
湖南	√		√	√	√	√	
广东	√	√		√			√
广西	√			√	√	√	√
海南				√			√
重庆	√		√				
四川	√				√	√	√
贵州	√	√			√	√	
云南	√	√	√		√	√	√
西藏	√	√		√	√	√	√
陕西	√	√	√	√	√	√	√
甘肃		√	√		√	√	
青海			√	√	√	√	√
宁夏	√	√	√	√	√	√	
新疆		√	√	√	√	√	√

其中，吉林、西藏、陕西和宁夏在所有指标中均达不到全国平均值，江苏和浙江在所有指标中均超过全国平均值。

总结：将表 1-3 中按照 7 个负面指标的覆盖水平分为五档：

（1）一档：0 个指标，包含江苏（0 个指标）、浙江（0 个指标）、安徽（0 个指标）；

（2）二档：1 个指标，包含天津（1 个指标）；

（3）三档：2~3 个指标，包含上海（3 个指标）、重庆（2 个指标）、海南（2 个指标）、山东（2 个指标）；

（4）四档：4~5 个指标，包含北京（4 个指标）、辽宁（4 个指标）、内蒙古（4 个指标）、江西（4 个指标）、湖北（4 个指标）、广东（4 个指标）、甘肃（4 个指标）、四川（4 个指标）、贵州（4 个指标）、福建（4 个指标）、湖南（5 个指标）、河北（5 个指标）、广西（5 个指标）、青海（5 个指标）；

（5）五档：6~7 个指标，包含山西（6 个指标）、黑龙江（6 个指标）、河南（6个指标）、云南（6个指标）、宁夏（6个指标）、新疆（6个指标）、西藏（6个指标）、陕西（7个指标）、吉林（7个指标）。

可见，江苏、浙江和安徽供排水管网的负面指标为0，表明发展状态和水平最高；天津有一个负面指标，发展状态处于第二梯队，总体上较优；上海、重庆、海南、山东有2~3个负面指标，处于第三梯队，发展水平中等；负面指标4~5个的有14个省，处于第四梯队，发展水平堪忧，需要重视管网的发展建设；负面指标6~7个的有9个省，处于第五梯队，发展状态较差，问题比较大。

总体上，处于第四和第五梯队的省份共有23个，占比达到74%，在供排水管网的服务能力和服务水平方面两极分化现象比较严重。可见，未来我国城镇供排水管网的发展建设依然任重道远。与发达国家相比，以供水管网建设为例，美国人均供水管网长度5.92 m/人，加拿大人均供水管网长度5.23 m/人，欧洲人均管长最低的为西班牙：4.92 m/人，芬兰最高，为19.55 m/人，我国人均供水管网长度平均为1.85 m/人，西藏最高，为4.46 m/人。可见，我国城镇以高密度发展为主要特征，在供水普及率100%地区人均供水管网长度远远低于西方发达国家，表明我国总体的供水管网的供给效率比较高。

2 供排水管网基本情况

2.1 供排水管网普查

现状不清、“家底”不明是当前我国城市地下管线存在的主要问题之一。开展普查和建立完善信息系统有利于解决城市地下管线资料不全、不准的问题，为城市规划、建设和管理，以及地下管线安全运行提供有力支撑。

为了贯彻落实《国务院办公厅关于加强城市地下管线建设管理的指导意见》(国办发〔2014〕27号),“十三五”期间各省市积极部署开展城市地下管线普查工作。开展城市供排水管线普查工作，建立完善信息系统要把握五个重点内容。

一是普查工作实行属地负责制，由城市人民政府统一组织实施，明确责任部门；驻军单位、中央直属企业要按照当地政府的统一部署，积极配合做好所属地下管线的普查工作。

二是要制定总体方案，建立工作机制和相关规范，组织好普查成果验收和归档移交工作，按规定集中统一管理普查成果。

三是要在普查的基础上，建立地下管线综合管理信息系统和供排水专业管线信息系统，并按照统一的数据标准，实现信息的即时交换、共建共享、动态更新。

四是要充分利用信息资源，做好工程规划、施工建设、运营维护、应急防灾、公共服务等工作。

五是涉及国家机密的供排水管线信息，要严格按照有关保密法律法规和标准进行管理。

2.1.1 供排水管网普查内容

供排水管网普查工作包括供排水管线基础信息普查和事故隐患排查[4]。

1. **供排水管网基础信息普查**

基础信息普查应按照相关技术规程进行探测、补测，重点掌握供排水管线种类、数量、功能属性、材质、管径、平面位置、埋设方式、埋深、高程、走向、连接方式、权属单位、建设时间、运行时间、管线特征、沿线地形以及相关场站等信息。

2. **事故隐患排查**

事故隐患排查前应全面了解供排水管网的运行状况，摸清管线存在的结构性隐患和危险源，特别是要查清重大事故隐患。由管线行业主管部门制定重大事故隐患判定标准，管线权属单位排查具体情况，排查内容包括：隐患地点、隐患类别、隐患部位、隐患描述、责任单位、责任人，是否有安全标识，是否采取整改措施等。

2.1.2 供排水管网普查成果

供排水管网普查成果要求主要有以下几个方面。

1. **基本规定**

普查成果应明确坐标系统、成图比例、管线类别、测绘范围及内容、精度要求等。

2. **图面要求**

普查成果应符合规范要求，对地下管线进行分类后，进行图层划分，图层命名应包含管线大类代码、亚类代码，并规定图层颜色。

3. **数据库结构要求**

应建立管点表、管线表、设施面表、工程信息库文件结构表等数据表。其中：

（1）管点表用以记录管线点的物探点号、*XY* 坐标、地面高程、地面特征、地面附属物、井底高程、井底埋深、管点标准代码、图幅号、勘测单位、权属单位、建设日期、数据类型、精度级别、偏心井位等信息。

（2）管线表用以记录管线段的管线材质、敷设方式、管径、电缆条数、光缆条数、压力值、总孔数、已用孔数、管线亚级类别、管线使用状况、线标准代码、流向、是否有防腐保护措施、是否有安全保护提示、是否定期检测等信息。

（3）设施面表用以记录管线附属设施的设施点号、设施名称、专业编号、亚级类别、底面高程、顶面高程、数据类型、精度级别、测绘单位、权属单位、建设日期、所属类型、管理单位、服务范围、服务性质、运行参数、参数单位、运行时间等信息。

（4）工程信息库文件结构表用以记录测量工程的工程编号、项目总编号、项目名称、建设单位、设计单位、施工单位、测绘单位、测绘时间、测绘内容、工程种类、竣工长度、竣工埋深、竣工时间、操作员、检查员、高程系统等信息。

4. 成果资料

主要成果资料包括：工作依据文件、工作凭证资料、探测原始记录、作业单位质量检查报告及精度统计表、质量评价表、成果图纸以及必要的文字说明等。

各城市要利用普查成果，建立地下管线综合管理信息系统，满足城市规划、建设、运行和应急等工作需要。地下管线综合管理信息系统和供排水专业管线信息系统应采用统一的数据标准，实现信息即时交换、共建共享、动态更新，并与数字化城市管理系统、智慧城市管理体系相融合。要充分利用信息资源，做好工程规划、勘察设计、施工建设、运行维护、应急防灾、公共服务等工作。涉及国家机密的地下管线信息，要严格按照相关保密法律法规和标准进行管理。

2.2 供排水管网分类与系统构成

2.2.1 供水管网分类与系统构成

供水管线是向不同类别的用户输水和配水的管线以及相关附属设施，担负着供水的输送、分配、压力调节（加压、减压）和水量调节任务，是保障用户生产生活用水的重要市政基础设施。

1. 供水管网系统组成

供水管线系统由输水管、配水管和附属设施构成。

（1）输水管。输水管是从水源地到水厂（原水输水）或当水厂距供水区较远时从水厂到配水管网（净水输水）的管线。输水管通常没有分支或很少分支，管径较大，管内水流量也较大。

（2）配水管。配水管是将水送到用户的管道，担负着输送沿线流量的任务，通常由干管、连接管、分配管和接户管等构成。干管是将水输送给各用水区域，同时也向沿途用户供水；连接管用于连接各干管，同时均衡各干管的水量和水压；分配管是从干管取水分配到各街区、各用水区域以及向消火栓供水；接户管是从分配管或直接从干管、连接管引水到用户的管线。

（3）附属设施。附属设施主要包括阀门、消火栓、调压（流）装置、排气阀（通气阀）、泄（排）水阀井等。

2. 供水管网常见材质

（1）球墨铸铁管。球墨铸铁管是指使用 18 号以上的铸造铁水经添加球化剂后，经过离心球墨铸铁机高速离心铸造成的管材，简称球管、球铁管或球墨铸管等。主要用于自来水的输送，是自来水管道理想的选择材料。具有铁的本质、钢的性能，其防腐性能优异、延展性能好、安装简易。

（2）不锈钢管。不锈钢管是一种中空的长条圆形钢材。不锈钢管具有极强的抗磨损能力，其耐腐蚀性能力也较强，可以在高温下进行工作，不管温度如何，不锈钢管在供水过程中都不会释放出有毒物质。综合来看，这种材料的性能十分稳定，具有较大的利用价值。

（3）玻璃钢管。玻璃钢管也称玻璃纤维缠绕夹砂管（RPM 管）。主要以玻璃纤维及其制品为增强材料，以高分子成分的不饱和聚酯树脂、环氧树脂等为基本材料，以石英砂及碳酸钙等无机非金属颗粒材料为填料作为主要原料。玻璃钢管的耐水性和抗腐蚀性较强，性能相比金属管优良，安全性极强，在运输的过程中较为方便。另外，因其特有的耐磨性以及抗冻性，施工人员在施工过程中不需要进行防锈、绝缘等工作，使用寿命也能有效地延长。

（4）聚乙烯管。聚乙烯管是指以聚乙烯树脂为主要原料经挤出成型的供水管材。聚乙烯供水管具有较强的耐腐蚀性，可以有效保证水质稳定。此外，其弹性敷设能在施工过程中有效地降低施工难度，从而降低外在因素对施工现场的影响。

2.2.2 排水管网分类与系统构成

排水管网是指汇集和排放污水、废水和雨水的管渠及其附属设施所组成的系统。排水管线担负城市雨水和污水的收集、输送、高程或压力调节以及水量调节任务。

1. 排水管网系统组成

排水管线系统组成包括排水管（渠）和附属设施。

（1）排水管道。排水管道主要由支管、干管、主干管构成。

（2）附属设施。附属设施主要包括检查井、雨水井、溢流井、跌水井、水封井、换气井、截流井等附属构筑物和流量检测设施等。

2. 排水管网常见材质

（1）水泥管。水泥管是用水泥与钢筋为材料制成的一种预制管道。水泥管具有较高的抗裂和抗渗能力，使用寿命较长，成本低，敷设安装方便。

（2）铸铁管。铸铁管是用铸铁浇铸成形的管。铸铁管采用橡胶圈密封、螺栓紧固，在内水压下具有良好的挠曲性、伸缩性。铸铁管存在耐蚀性差、寿命短以及接头处易渗漏等问题。

（3）PP 管。PP 管是一种无毒、卫生、耐高温且可回收利用的管型。PP 管具有不锈蚀、耐磨损、不结垢等特点，具有优良的隔声性能，可显著减少由液体流动引起的振动和噪声；能够防冻裂、防结露，热损失少；重量轻，安装操作方便，并且具有可焊性，使用寿命较长。

（4）PVC 管。PVC 管是由聚氯乙烯树脂与稳定剂、润滑剂等配合后用热压法挤压成型，是最早得到开发应用的塑料管材。PVC 管具有抗腐蚀能力强、易于粘结、价格低、质地坚硬、流体阻力小、良好的水密性等特点，安全方便。

2.3 供排水管网的现状特点

随着我国城市建设的高速发展，城市地下管网的数量和规模越来越大，构成状况越来越复杂。因地下管线不明，地面施工破坏地下管线造成的停水、停气、停电以及通信中断事故频发；因地下管线管理不顺，“马路拉链”已经成为城市建设的通病。地下管线的产权单位多，权属部门各异，在管线建设方面的要求不同，给城市地下空间的综合利用规划造成了很大困难和隐患。具体总结我国供排水管网的特点：

1. 总量庞大

地下管线种类繁多，包括供水、排水、燃气、电力、电信、供热等六大类管线，有些地方还有油气管线等特殊种类的管线。随着城市规模的扩大，地下管网无论是规模还是密度均大幅增长。在城市中形成了规模庞大的市政网络系统。

2. 密集敷设

地下管线敷设于地下，埋深从 0. 5 m 至几十米不等。以上海市为例，统计每平方千米道路下约有 25 km 各类管线。因此，在地下空间浅层狭小的空间内，有大量的市政基础设施管网纵横交错，密集敷设。这带来管网定位难、施工管理难、隐患发现难、故障抢修难、综合协调难等序列问题。

3. 多头管理

地下管线的管理主体多元，涉及政府部门和相关企业。涉及供排水管线管理的政府部门包括发改、财政、规划、城建、市政、水务、城建档案等；除相关企业外，供排水管线管理主体还涉及社会团体以及成立的协调议事机构等。这造成面对事故灾害，不同管线权属部门协调效率低下，且难以精细化。

4. 病害严重

供排水管线由于长埋地下，其设计、施工、运行等长期处于粗放式管理模式。在用管线中有一部分运维主体不清晰，长期处于缺管失养状态，这些管线因为管道腐蚀、老化、地面不均匀沉降等随时可能出现泄漏、堵塞等情况。此外，部分废弃管线内部可能存有对自然环境有害的化学物质，如不能妥善处理，必然会危及环境和城市安全。

5. 干扰频发

施工挖掘仍是导致管线事故的主要原因之一。施工挖掘可能直接破坏地下管线，从而引起停水、爆管等事故发生。究其原因主要有三类：一是无施工区域地下管线资料；二是虽有施工区域地下管线资料，但资料不准确或不完整；三是思想意识认识不深或法律约束力不够，施工单位没有按照资料的指引进行施工。

6. 安全问题突出

随着城镇化进程的加快，城市容积率不断提高，管网配套不足，原有管线的供给能力难以满足城市发展的需求，部分管线存在超负荷运行的情况，总体技术落后这将对城市运行构成很大的安全区隐患。

7. 技术落后

供排水管网的安全应对目前主要是事故发生后的被动应急处置。供水管网以听漏探漏和落后管材等属性的定性研判为主开展管网的风险探测和风险处置；排水管网以管道内窥、定性评估等方法为主开展管网的风险普查。技术手段相对落后。

3 行业管理动态

3.1 政策法规与标准

3.1.1 政策法规

美国、英国、日本等发达国家的地下管线立法工作起步较早，法律法规体系相对较为完善。美国出台了《管道安全改进法案》(2002)、《管道检测、保护、强制实施及安全法案》(2006)等，英国出台了《管道法》(1962)、《管道安全条例》(1996)等，日本出台了《下水道法》(1958)、《共同沟特别措施法》(1963)等。

我国地下管线立法工作启动相对较晚。为加强地下管线建设管理，制定和出台了相关的规范性文件。

2013年，国务院发布了《国务院关于加强城市基础设施建设的意见》(国发〔2013〕36号)。

2014年，发布的《国务院办公厅关于加强城市地下管线建设管理的指导意见》(国办发〔2014〕27号)是国家层面首部针对地下管线管理的规范性文件。

为完善我国地下管线法规体系，提高地下管线管理水平，我国启动了《城市地下管线管理条例》的立法工作。

3.1.2 标准规范

按照标准的使用范围，我国标准可以分为国家标准、行业标准、地方标准和企业标准四个级别。

据统计，我国涉及地下管线的国家标准、行业标准有300余部，集中在管线综合(规划、涉及、施工及验收、运行维护)、管线类型和材质要求、管件及附属设施要求、管线规划与涉及、运行维护、施工及验收等方面。《城市工程管线综合规划规范》(GB 50289—1998)是我国最早发布的涉及统筹协调地下管线间及地下管线与其他工程之间关系的管线综合规划标准。

城镇给排水管道通用标准主要有四本，包括：

（1）《室外排水设计规范》(GB 50014—2016)；

（2）《室外给水设计标准》(GB 50013—2018)；

（3）《给水排水工程管道结构设计规范》(GB 50332—2002)；

（4）《给水排水管道工程施工及验收规范》(GB 50268—2008)。

这四本标准对给排水管道的工艺设计、结构设计以及管道施工和质量验收环节等方面做出了通用规定，所有给排水管道在工程建设过程中都应遵守这些标准的要求。

3.2 行业培训与技术交流

为了规范行业发展，提升全行业的技术水平，城市规划协会地下管线专业委员会近年来面向全国开展了一系列的行业培训和技术交流。具体如下：

3.2.1 行业培训

（1）2016 年 5 月 18—20 日，在济南市举办“第十二期城市地下管线探测工程项目经理岗位培训班”，来自全国各地的 163 名代表参加了培训。

（2）2016 年 7 月 15—16 日，由中国城市规划协会地下管线专业委员会(以下简称“地下管线专委会”) 与住房和城乡建设部市政给水排水标准化技术委员会联合主办的“第四期城镇排水管道检测与评估专业技术岗位培训班” 在武汉举行，来自全国各地的 260 名代表参加了培训。

（3）2016 年 9 月 7—9 日，地下管线专委会在郑州市举办了“第六期城市地下管线探测工程监理岗位培训班暨第十三期城市地下管线探测工程项目经理岗位培训班”，来自全国各地的 132 人参加了培训。

（4）2019 年 4 月 1—3 日，在安徽省歙县举办了“第一期城镇供水管网漏水探测、评估专业技术岗位培训班”，来自全国各地的 280 名代表参加了培训。

（5）2019 年 4 月 24—26 日，在武汉市举办了“第八期城镇排水管道检测与评估及非开挖修复专业技术岗位培训班”，来自全国各地的

800 余名代表参加了培训。

（6）2019 年 6 月 18—20 日，在青岛市举办了“第十七期城市地下管线探测工程项目经理、监理岗位培训班暨后普查时代地下管线数据采集、动态更新与共享应用专题会”，来自全国的 230 名代表参加了本期培训。

（7）2019 年 6 月 19—21 日，在深圳市举办了“第九期城镇排水管道检测与评估及非开挖修复专业技术岗位培训班”，来自全国的 400 多名代表参加了本期培训。

（8）2019 年 9 月 4—6 日，在遵义市举办了“第二期城镇供水管网漏水探测、评估及非开挖修复专业技术岗位培训班”，各地代表约 140 名参加了本期培训。

（9）2019 年 9 月 27—29 日，专委会联合江西省管道疏浚行业协会在江西省瑞昌市举办了“第一届中国‘瑞昌杯’城镇排污管道疏浚技能大赛暨第十期城镇排水管道检测评估与非开挖修复专业岗位培训班”，各地 100 多名代表参加了本期培训，22 支代表队参加了比赛。

（10）2019 年 10 月 16—17 日，在绍兴市举办了“污水零直排区建设经验交流会暨第十一期城镇排水管道检测评估与非开挖修复岗位培训班”，共计 300 多名代表参会。

3.2.2 技术交流活动

（1）2016 年 10 月 25—26 日，“2016 北京国际地下管线展览会”在北京国家会议中心举办。会议主题为“后普查时代的城市地下管网”。

（2）2017 年 11 月 16—17 日，在西安召开“中国城市规划协会地下管线专业委员会 2017 年年会”，年会主题为“地下管线综合管理与地下空间规划利用”。

（3）2018 年 11 月 27—28 日，在广州市召开“中国城市规划协会地下管线专业委员会 2018 年年会”，年会主题为“防风险，保安全，促转型，谋发展——建设生态城市的绿色生命线”。

（4）2019 年 9 月 17—19 日，“第六届中国国际城市地下管线展览会”在广州市广交会展馆举办。

（5）2019 年 10 月 11—12 日，“2019 给排水管网管理与运维大会”在深圳市召开，大会主题为“生态环境建设与管网运维管理”。

（6）2019 年 11 月 20—22 日，“中国城市规划协会地下管线专业委员会 2019 年年会”在杭州举行。本次会议主题为“夯基础、促转型、壮产业、提品质”。

通过行业培训和技术交流，促进了产、学、研、用的快速推进，新技术的推广、普及，疑难问题的协同攻关，成功实践实例的推广学习，极大地促进了行业发展，并有力地推动了全社会对城市管网的关注和支持。

现状篇小结

改革开放以来尤其是城镇化的持续推进，我国城镇供排水管网的普及率、人均建设规模、污水处理率、供水管网漏失率等重要指标持续向好，与城镇化进程高度正相关，与经济发展水平相吻合。但是在取得巨大成绩与发展的同时，也存在供排水水管网“家底不明、现状不清、信息不全、技术手段落后”等客观情况，管网安全风险陡增。当前行业围绕“政策规范、技术标准、相关措施”等方面进行了广泛而深刻的探索与实践，普遍提高了供排水行业的规划、建设、管理、运维水平。但是近期城市管网突发安全事件频发，给我们供排水管网行业发展也敲响了警钟。总体上我国城镇地下管网种类繁多、数量庞大，密集敷设、交叉影响频繁，干扰频繁、病害严重，多头管理、安全问题突出，总体科技水平落后，亟须开展系统总结现状问题、分析原因，梳理科技发展动态和优秀案例，为我国后续阶段行业发展提供专业支撑。

参考文献

[1] 中华人民共和国住房和城乡建设部. 2016 年城乡建设统计年鉴[EB/OL]. [2018-01-05]. http://www.mohurd.gov.cn/xytj/tjzljsxytjgb/jstjnj/.

[2] 中华人民共和国住房和城乡建设部. 2017 年城乡建设统计年鉴[EB/OL]. [2019-01-24]. http://www.mohurd.gov.cn/xytj/tjzljsxytjgb/jstjnj/.

[3] 中华人民共和国住房和城乡建设部. 2018 年城乡建设统计年鉴[EB/OL]. [2020-03-27]. http://www.mohurd.gov.cn/xytj/tjzljsxytjgb/jstjnj/.

[4] 中华人民共和国住房和城乡建设部.城市地下管线普查工作指导手册「EB/OL]. [2014-12-01]. http://www.mohurd.gov.cn/wjfb/201412/t20141216_219789.html,20.

挑战篇
Challenge

B

4 供排水管线安全形势

4.1 运行现状

城市供排水管线长埋地下，其设计、施工、运行等长期处于粗放式管理模式，管道事故频发，成为困扰城市管理者的难题之一。近年来，我国城市化进程加快，市政管道规模逐年扩大，与此同时，管道事故率呈明显上升趋势(详见 4.2 节和 4.3 节)。

造成这些事故的原因呈现出如下特点：

(1) 地下空间施工不规范，可能导致施工区域的管线被挖断(图 4-1)；

(2) 管道运行环境变化，如管线上方出现各种占压、碾压情况(图 4-2)；

(3) 管道老化、腐蚀问题严重(图 4-3)。

目前，城市管道的安全运行已引起国家的高度重视。从 2013 年开始，国务院连续 5 年发布关于基础设施建设的重要文件，因此，如何评估、管理、化解管线的运行风险成为城市管理者亟须解决的问题之一。

图 4-1 施工不慎导致基坑滑坡，管线断裂

图 4-2 车辆反复碾压导致爆管

图 4-3 腐蚀管道爆管

4.2 供水管线

4.2.1 媒体报道事故

经统计，近年来供水管道事故的媒体报道共计 106 起。由图 4-4 可知，事故发生在凌晨、上午、下午和晚上的事故记录数量

比较平均，其中上午和凌晨较下午和晚上稍高。由图 4-5 可知，第三方破坏、腐蚀老化和自然因素是造成事故的主要原因。由图 4-6 可知，中大管径管道的事故占比较高。由图 4-7 可知，事故管道中水泥管、灰口铸铁管和混凝土管占比较高。需要指出的是，由于媒体报道的局限性，统计结果可能与事实存在一定偏差。

图 4-4　事故发生时间分布

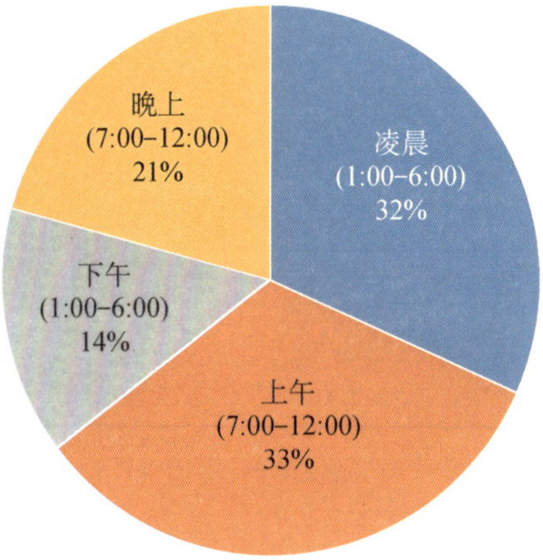

图 4-5　事故发生原因分布

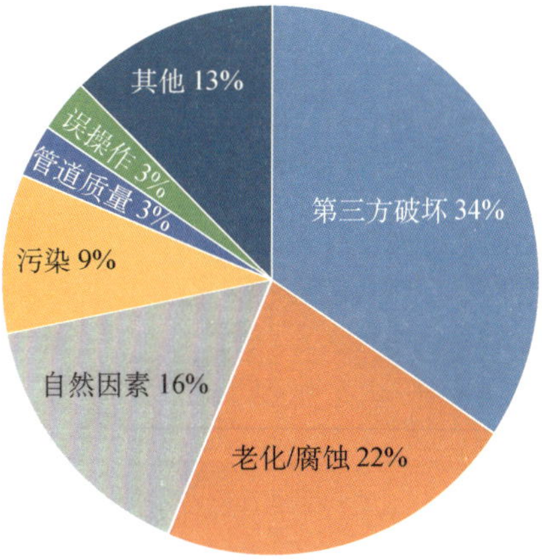

图 4-6　事故管道管径分布

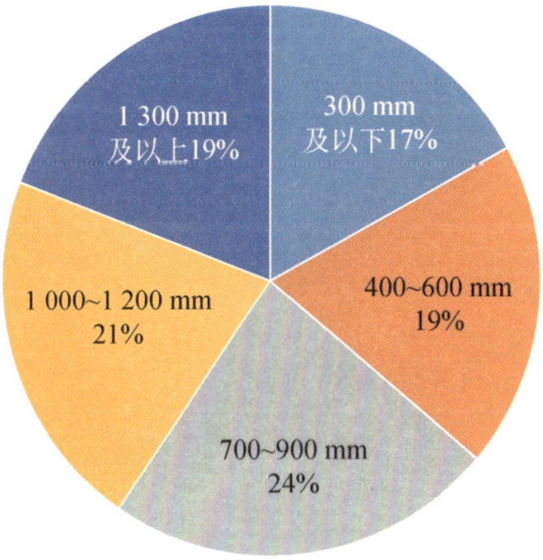

图 4-7　事故管道管材分布

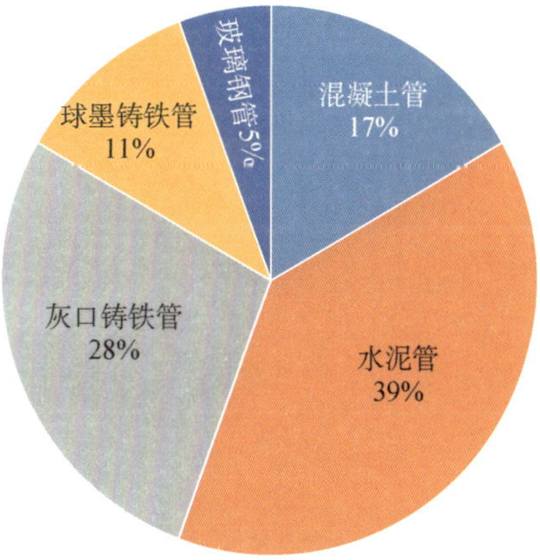

4.2.2　管网事故记录

对相关文献中记载的管网事故进行统计分析，如表 4-1 所示。由于统计口径不同，部分数据有所差别，但总体看来，供水管网运行事故频发的趋势明显。部分城市事故原因的统计结果如图 4-8—图 4-11 所示，管道老化、第三方施工、不均匀沉降等是造成管网事故的主要原因[1]。

表 4-1　管网事故数量

编号	管网地点	时间/年	事故数量/起
1	天津市	2001—2005	774
2	南方某市	2002—2004	850
3	某市	2010	649
4	南方某市	2004—2010	2 910
5	北方某市	2011—2015	219
6	某市	2005—2015	1 736
7	广州市	2005—2010	2 155
8	江阴市	2007—2009	981
9	沈阳市	2009—2013	2 394

图 4-8　沈阳市管网事故原因统计

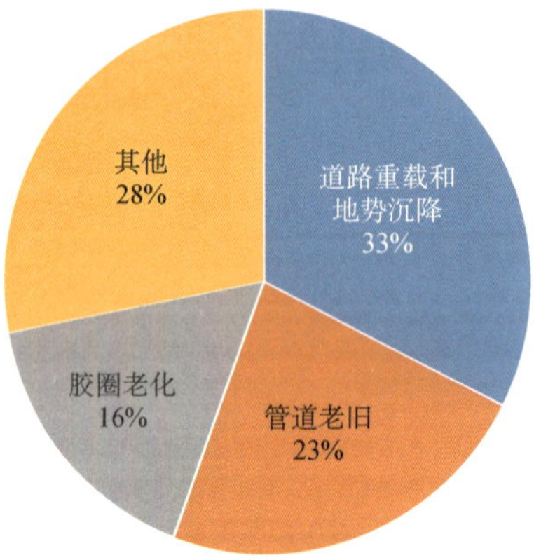

图 4-9　西安市管网事故原因统计

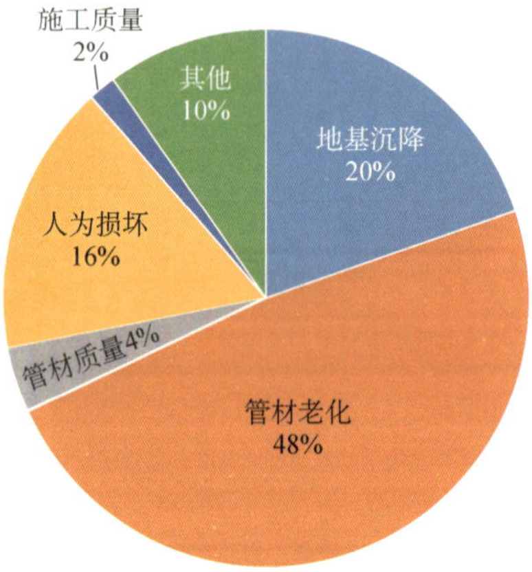

图 4-10　天津市管网事故原因统计

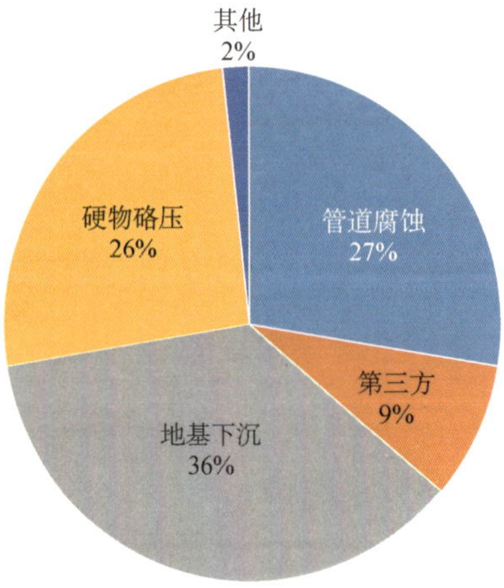

图 4-11　某市管网事故原因统计

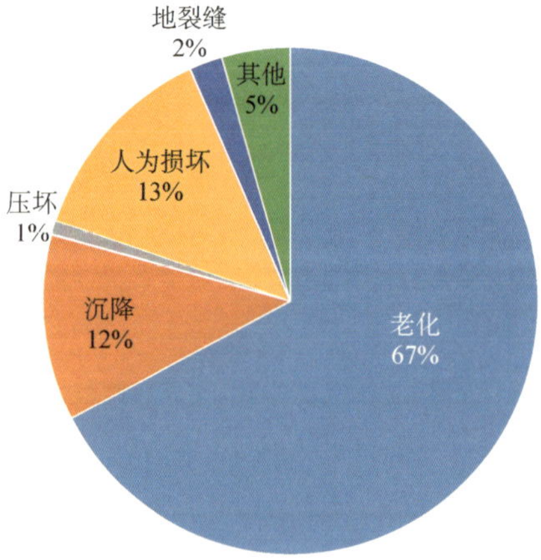

通过对上海某区供水企业进行调研，收集了近 10 年的事故记录，结果如图 4-12 所示。可见，该区的年均管道事故数在 1 500 起以上，近 5 年的事故频次更多。这反映了我国当前的管道运行真实的状态。

图 4-12　上海某区管网事故统计

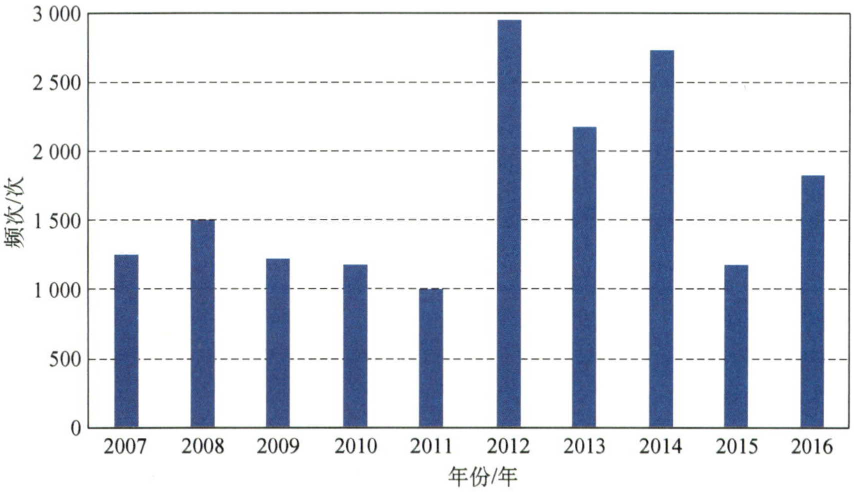

4.3　排水管线

图 4-13 是排水管线事故媒体报道统计结果。可见，第三方破坏和误操作是造成事故的主要原因。与供水管线不同的是，排水管线事故造成的事故后果一般较为严重，包括排水、淤积、反渗、冒顶、溢流、积水、内涝、路面塌陷，甚至有人员伤亡的报道。

图 4-13　排水管线网络调查事故的原因分布

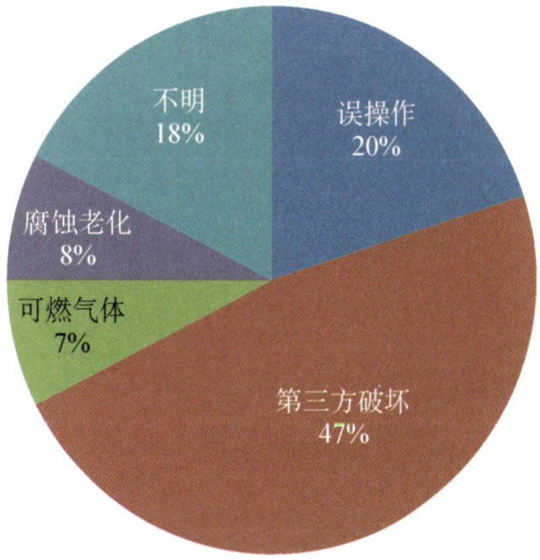

尽管对于排水管道的事故报道不多，但根据调研结果，我国目前排水管道依然处于高风险状态。如上海某区的排水管道建成时间不足 10 年，但目前大管径管道(>1.2 m)已发生 20 多起严重事故，如脱节、破裂和沉降等，其他轻微破坏情况(如渗漏等）更是不胜枚举。

5 供排水管线行业发展瓶颈

5.1 规划设计中的瓶颈

5.1.1 规划背景

时隔37年后，2015年12月20—21日，中央城市工作会议在北京召开。会议要求城市交通、能源、供排水、供热、污水、垃圾处理等基础设施，要按照绿色循环低碳的理念进行规划建设。2017年5月25日，由住房和城乡建设部、国家发展改革委组织编制的《全国城市市政基础设施规划建设"十三五"规划》（以下简称《规划》）正式发布。《规划》要求树立城市系统思维，着眼长远、统筹规划，加快补齐短板，优化空间布局，提高运行效率，促进市政基础设施的增量、提质、增效，为推进新型城镇化和全面建成小康社会提供坚实的基础。同时，提出加强城市内涝防治，基本消除城区内涝积水点，加强地下管线综合管理，有序推动重大隐患点的筛查和整改，有效降低事故率，建立市政基础设施突发事件总体预案，完善预防为主、预防与应急相结合的体制机制。2019年5月23日，中共中央、国务院《关于建立国土空间规划体系并监督实施的若干意见》(以下简称《意见》）正式对外公布。《意见》提出"五级三类"规划体系，"五级"就是国家级、省级、市级、县级、乡镇级。不同层级规划的侧重点和编制深度各不相同。国家级规划侧重战略性，省级规划侧重协调性，市县级和乡镇级规划侧重实施性。"三类"是分为总体规划、详细规划、相关的专项规划。空间规划是专项规划的依据，专项规划是空间规划的支撑。供排水规划是专项规划的重要内容，与城市用地发展、空间布局紧密相关。供排水规划原先为城市总体规划的必备专项规划，以总体规划为依据，同时又是总体规划的重要组成部分。城市总体规划转型为空间总体规划之后，供排水专项规划与空间总体规划之间的关系，目前尚待明晰。

5.1.2 内容要求

各城市根据国家、省、市相关要求，在空间规划(总体规划)、详细规划、专项规划各个类别规划中进行供排水规划编制。如河南省2016年底提出“百城提质”要求尽快编制供排水等各类专项规划，补短板，固根基，强服务，持续提升城市承载力、吸引力、辐射力。《城市给水工程规划规范》(GB 50282—2016)、《城市排水工程规划规范》(GB 50318—2017)等规范相继出台，在国家层面明确了供排水规划的主要内容及要求。

供水规划主要内容包括预测城市用水量，进行城市水资源与城市用水量之间的供需平衡分析，选择供水水源和水源地，确定供水系统布局，明确主要供水工程设施的规模、位置及用地控制，设置应急水源和备用水源，提出水源保护、节约用水和安全保障等措施。

排水规划主要内容包括确定规划目标与原则，划定城市排水规划范围，确定排水体制、排水分区和排水系统布局，预测城市排水量，确定排水设施的规模与用地、雨水滞蓄空间用地、初期雨水与污水处理程度、污水再生利用和污水处理厂污泥的处理处置要求。同时各省、市在国家政策、规范的要求下先后出台地方性供排水规划编制大纲，如2017年，湖南省发布《湖南省城市专项规划编制要点》等。地方性供排水规划编制大纲的颁布，对各地区供排水规划的编制起到了较好的指导作用(表5-1)。

表5-1 部分省份供排水编制大纲一栏表

序号	名称	颁布单位	颁布时间
1	《河南省城镇排水专项规划编制纲要(试行)》	河南省住房和城市建设厅	2010年7月12日
2	《河南省城市供水与节约用水专项规划编制纲要（试行）》	河南省住房和城市建设厅	2013年3月29日
3	《山东省城市节水专项规划编制纲要》	山东省住房和城乡建设厅	2016年1月20日
4	《浙江省县域农村生活污水治理专项规划编制导则（试行）》	浙江省住房和城乡建设厅	2018年9月14日
5	《湖南省城市专项规划编制要点》	湖南省住房和城乡建设厅	2017年4月11日
6	《湖南省住房和城乡建设厅关于全省镇区（集镇）供排水专项规划设计(第二批）复核意见》	湖南省住房和城乡建设厅	2014年6月25日

续表

序号	名称	颁布单位	颁布时间
7	《湖南省镇区（集镇）供排水工程专项规划设计技术导引（试行）》	湖南省住房和城乡建设厅	2017 年 1 月 6 日
8	《黑龙江省城镇污水治理专项建设规划编制大纲（2011—2015）》	黑龙江省住房和城乡建设厅	2012 年 5 月 16 日
9	《吉林省城市排水专项规划编制大纲》	吉林省住房和城乡建设厅	2007 年 6 月 11 日
10	《山西省城市给水工程专项规划编制纲要（试行）》	山西省住房和城乡建设厅	2009 年 5 月 25 日
11	《山西省城市排水工程专项规划编制纲要（试行）》	山西省住房和城乡建设厅	2009 年 5 月 25 日
12	《江苏省城市排水规划编制纲要》	江苏省住房和城乡建设厅	2006 年 10 月 31 日

5.1.3 问题分析

供排水规划在各个城市的规划建设过程中起到了非常大的促进作用，提高了人民的生活品质及生活环境，但也存在一些问题，主要表现在以下几个方面。

1. 规划体系方面

2018 年,《中华人民共和国城乡规划法》颁布实施，明确规定“城市总体规划、镇总体规划的内容应当包括：城市、乡镇的发展布局，功能分区，用地布局，综合交通体系，禁止、限制和适宜建设的地域范围，各类专项规划等”。按照规划体系的技术传导逻辑，总体规划是专项规划的依据，总体规划本身也包括专项规划的主要内容，专项规划中确定的设施用地及市政通廊等空间应在控制性详细规划中予以落实。但是在实际规划编制过程中，因为经批复的总体规划编制时间较早而城市建设发展迅速，经常出现总体规划的规模和用地结构与城市实际建设情况有较大差异，所以此时编制的专项规划，为解决实际问题，需要对上位规划进行评估，并根据实际情况，对总体规划提出修编需求，而不能直接引用总体规划的内容作为规划编制依据。

2. 规划转型方面

现在全国各地正在全面推行国土空间体系规划的编制工作，专项规划由原先总体规划的主要内容变成对空间规划的支撑，需要重新梳理专项规划与空间总体规划之间的关系。为发挥给排水规划的作用，应该在编制国土空间总体规划的同时，启动专项规划的编制，使专项规划的结论能在空间规划的指标体系中体现，并落实在空间规划中。

3. 规划实施方面

根据《中华人民共和国城乡规划法》，“城市总体规划、镇总体规划的规划期限一般为二十年，近期建设规划的规划期限为五年。”专项规划一般远期与总体规划的规划期限对应，近期规划期限与国民经济发展规划对应。规划编制必须重视近远期的衔接和过渡。但是供水、排水的大型设施分期建设与城市发展的实际需求经常无法同步匹配，会出现规划预留有余，但建设滞后的情况。另外，在实施过程中，“省域城镇体系规划、城市总体规划、镇总体规划的组织编制机关，应当组织有关部门和专家定期对规划实施情况进行评估。”在实际操作过程中，规划实施评估重用地及空间评估，轻专项规划评估。专项规划是否得到实施，缺乏有效监督机制，专项规划也缺少相应规划的动态维护机制。

4. 地域差异方面

我国幅员辽阔，各地城市自然地理情况不同，资源禀赋不同，城市的经济水平及建设发展阶段不同，因此很难用统一技术规范和标准“一刀切”。体现在供水规划中，各地都需要根据实际发展需求情况对水源、水质、用水量需求做出适应性供给方式，并计算合理需求；在排水规划中，需要合理选取排水体制，并进行适应当地的市政供水、排水管网布设。

5. 管线防灾方面

在供排水专项规划中，缺少相应的防灾内容，应结合城市的典型、频发灾害，提出管线的防灾及应急措施。

5.2 运维管理中的瓶颈

5.2.1 供水管网运维管理瓶颈

经济的发展与水资源短缺的矛盾日益突出。在中国，全国自来水厂平均产销差率高达 30%，在中西部缺水城市甚至超过 45%，东北部分城市超过 50%，每年城市水网中漏损水量的经济价值高达 200 亿元以上。

智慧水务的建设能够有效地缓解水资源短缺的情况。解决漏损需要全面的产销差管理和漏算控制解决系统。在新技术变革带来的影响下，智慧水务的发展对控制漏损不仅十分必要，而且非常有用。从新技术的发展来看，应该说，智慧水务已经成为水务管理的发展方向。万亿级的城镇供水投资市场正在形成。

根据水利改革发展“十三五”规划，全国将新增供水能力 270 亿 m^3，即新增产能约 7 400 万 m^3/日。供水规模的新增要求加快城乡供水管网的建设和改造，降低公共供水管网漏损率；加快重点水源安全工程建设，实施一批重大引调水工程；加强雨水和海水的利用；加强城市应急和备用水源建设，单一水源供水的地级及以上城市应于 2020 年年底前完成备用水源或应急水源的建设。

供水管网漏损是摆在企业面前的一大难题。在我国很多旧城区，供水管网老化现象严重，随着城市化进程加快，新旧管道共存的情况比较多。另外，不稳定水压、不达标或者污染水对管网造成侵害，日积月累会引发管道漏水或爆管，造成大量水的流失，导致水厂的供水总量与使用端的总量存在比较大的偏差，供水公司回收的水费远低于实际供水的成本。主要问题为：

1. 管网老化，管材质量不达标

管材质量低下、严重不达标的问题突出，有的城市新铺设的管线正常使用不到一年甚至两三个月的时间就发生了爆管或严重破裂的现象。因此，管网漏损频率高，造成水资源损失严重，不仅给企业带来了巨大的耗费和经济损失，也给水质水压达标带来了很大的压力。

2. 施工技术陈旧，漏损严重

很多城市的管网由于各种原因，造成爆管以及各种形式的明漏和暗漏现象严重。在管线施工中，施工技术陈旧，或者未按照国际施工规范进行，接口漏水等现象时有发生。

3. 供水管网的安全可靠性较差

为了配合城市基础设施建设，很多管网的施工忽视了前期设计、施工、竣工验收等环节的科学合理进行，不进行论证，凭经验进行规划布局，简单地人为决策将各个时期的管网联网，因此经常造成局部管网超负荷运行，致使爆管事件增多。

4. 建设维护资金短缺

由于基础建设规模不断扩大，资金短缺已经成为各个城市普遍存在的问题。很多供水企业明知管网老化严重，需要更新升级，但资金短缺，只能进行简单的维修维护，管网破裂就会发生得更加频繁。另外，管网维护更新的资金分配不合理，往往与人为决策息息相关，需要资金的地方短缺，而相对不需要的区域却资金闲置。

5. 第三方施工破坏的监控管理与应急处置缺乏规范支撑

第三方破坏导致的事故在所有管道事故中占有很大比重。事实上，各种建筑施工和市政工程都免不了开挖操作，为了避免对管线的破坏，施工方应加强与供水公司的沟通，但是施工方往往缺乏沟通意识，或在与供水公司沟通后仍存在野蛮施工行为，由此引发的管道破坏修复周期较长、影响较大。此外，重型车辆忽视管道位置警示标志碾压管道，工厂、桥梁等建筑物的占压也是造成管道事故的主要因素。如 2009 年 12 月 22 日 14 时，南充市镇江东路一施工工地突然发生垮塌，扯断南充最大供水干管——南西输水管道（直径 1 000 mm），导致从北干道市交警支队附近到西充县城沿线的 20 多万居民停水。此次事故造成自来水白白流走上万吨，经济损失达 100 多万元，该事故原因是施工队在挖地基时靠近了主供水管，使供水管一侧形成了一个十几米高的陡坡，部分供水管裸露在外，失去了依托；2018 年 4 月 24 日 10 时，同样由于施工不慎，成都羊犀立交出城下桥处右侧发生了自来水管爆管，现场爆管水势汹涌，最高水柱高达 6 m 左右，附近街道已完全被淹没，周围行人、汽车出行都受到了影响。

所以，如何防止第三方施工破坏成为保障埋地管道运行安全的重中之重。目前，我国针对第三方施工破坏的监控管理与应急处置还没有完善的法律、标准、规范支撑。

5.2.2 排水管网运维管理瓶颈

国家统计局最新数据显示，2016 年，我国城市排水管道长度为 57.7 万 km。改革开放以来，我国城市排水管网建设取得了很大的进展，但在总量、人均占有量、管网密度上，与发达国家相比仍有差距。受污水腐蚀、污物沉积与荷载等因素的影响，排水管网存在破损、渗漏、淤堵等不同程度的结构性或功能性缺陷。加之城市排水管网管理粗放，排水管网建设、管理不善，容易引发城市内涝与黑臭水体的外源污染问题。水环境治理不到位、治理反复。主要问题有如下几方面。

1. 溯源诊断不彻底

治理城市水环境需要彻底排查溯源，确认每条河道的污染成因以及不同污染物所占比例，再制订出对应的方案，不能不知病根地仓促治理。

2. 系统化思维不够

水污染问题牵涉面广、错综复杂，涉及病源管理、方案、技术、资金等方方面面，牵一发而动全身。片面考虑局部情况，忽略系统的思维将影响到水体治理的效果。城市水环境综合治理必须加强系统思维，全盘考虑，统筹兼顾，加强大局意识。

3. 综合解决方案不重视

"黑臭在河里，根源在岸上，核心在管网，关键在排口"。在未调查清楚污染成因的情况下急于治理，哪怕投入再多的技术、金钱与人力都无法带来理想的治理效果。所以溯源到位，针对性地制订综合解决方案，必须结合病源，运维管理考虑，水域陆域同治。

4. 全过程智慧思维缺乏

智慧水务，是通过数采仪、无线网络、水质水压表等在线监测设备实时感知城市供排水系统的运行状态，采用可视化的方式有机整合水务管理部门与供排水设施，形成的"城市水务物联网"。

对智慧水务的理解不能仅仅停留在建设阶段或者最后运维阶段。"智慧"并不是独立的点上的信息技术的应用，而应当体现在顶层设计、方案制订、建设管理、智慧运维等各阶段，贯彻全过程的智慧化，实现数据决策、数据治理、数据运维。

智慧水务能够将海量水务信息进行及时分析与处理，并做出相应的处理结果辅助决策建议，以更加精细和动态的方式管理水务系统的整个生产、管理和服务流程，从而达到"智慧"的状态。

5.3 防灾减灾中的瓶颈

据联合国预测，2010—2030 年，全球绝大多数的人口增长将出现在中低收入国家的城市中心。快速发展的城市化使城市面临着防灾减灾基础设施和基础服务匮乏的风险。城市防灾减灾问题越来越突出，需要引起足够重视。从目前情况分析，供排水管线在防灾减灾方面的瓶颈主要包括地震、火灾、洪水、风灾、地质破坏、施工破坏以及战争等因素带来的威胁和影响。其中，地震、火灾、洪水、施工破坏等排在前几位，是城市供排水管线防灾减灾的重中之重。

5.3.1 地震

地震是地壳快速释放能量过程中造成的振动，期间会产生地震波的一种自然现象。地球上板块与板块之间相互挤压碰撞，造成板块边沿及板块内部产生错动和破裂，是引起地震的主要原因。当前科技水平尚无法准确预测地震的到来，未来相当长时间内，地震也是无法预测的。因此，地震是城市面临的危险最大的灾害，具有瞬间破坏剧烈、次生灾害严重、社会影响巨大、防御工程复杂等特点。

地震对城市可以造成各种危害，分为直接危害，如建筑物与构筑物破坏、地面破坏、供排水管网破坏等；间接危害，如火灾、水灾、毒气泄漏、瘟疫等。随着城市化进程的加快，城市人口急剧膨胀，导致供排水管线规模越来越大，一旦发生地震，将会导致管道大面积破坏，并且在震后难以修复。作为城市地下"生命线"的重要组成部分，城市供排水管网是城市功能正常运行的重要保障，遭到严重损坏后，将会带来生产、生活上极大的困难。同时，供排水管网的破坏与其他管线工程相互影响，形成连锁性灾害关系，对城市安全影响极大。

要有效预防或降低地震给供排水管线带来的不利影响，需要从提高城市供排水管网的抗震性能、采用抗震性能较好的管材和柔性接头、改进施工工艺、建立相配套的应急辅助决策系统等几方面做起。

5.3.2 火灾

火灾是指在时间或空间上失去控制的灾害性燃烧现象。在各种灾害中，火灾是最经常、最普遍地威胁公众安全和社会发展的主要灾害之一。城市是人口集中的地域，高层、多功能、大型复杂的建筑物日益增多，供水、排水、燃气、电力等管道发展迅速，更容易发生火灾。

火灾发生后，除了对火灾发生地有直接影响外，对周边地下管线也存在严重影响。比如，对周边的燃气管道和压力管道会形成严重威胁，同时对存在密闭空间的沟渠类排水管道影响巨大，由于其长期封闭，导致狭小空间内聚集了大量可燃气体，遇火后会发生爆炸，风险隐患巨大。因此，针对此类防灾减灾风险隐患应足够重视，采取有效措施加以防控，以避免或减少此类事故的发生。

5.3.3 洪水

洪水是河流、海洋、湖泊等水体上涨超过一定水位，威胁有关地区的安全，甚至造成灾害的水流。它是暴雨、急剧融冰化雪、风暴潮等自然因素引起的江河湖泊水量迅速增加，或者水位迅猛上涨的一种自然现象，也是自然灾害。城市化进程加快，导致城市洪水灾害因素加强：一方面地表径流增加，地面排水系统不足；另一方面地下设施增多，对地下管线的依赖性增大。这些都对城市应对洪水灾害造成了不利影响，也成为城市供排水管线防灾减灾的主要瓶颈之一。为应对此类问题，可通过加强海绵城市建设、合理改造优化城市排水系统、增加城市绿化用地、增强河道调洪能力等措施加以解决，将灾害影响降到最低。

5.3.4 施工破坏

近年来，因地下工程施工引起邻近管线发生弯曲、压缩、拉伸、剪切、翘曲和扭转等变形导致其损坏的事故层出不穷，从而引起停水、停气、停热、停电和通信中断等事故不断发生，严重影响了人民群众正常的生产和生活，造成了恶劣影响。比如，2010 年 6 月 29 日 23 时，某市前进大街与卫星路交汇处附近，一条直径 400 mm 的供水专线出现 100 多米长的断裂，多条水柱蹿出，最远达 10 m。受此影响，前进大街以西、卫星路以南、飞跃路以北、硅谷大街以东的某大学校园及周边区域停止供水，包括大学师生 3.5 万人在内的 11 万人无水可用。而该事故主要原因是施工不慎。事故发生前，某二建集团有限公司施工单位正在事故发生地的西侧修建一个长、宽约 100 m，深 15 m 的基坑，基坑发生了滑坡事故。基坑滑坡的直接原因在于施工方将 30 捆、每捆约 2 t 重的钢筋堆放在基坑边坡上，加上边坡放置了大量的施工模板，附近停放了作业吊车，导致基坑荷载严重超限。此外，该基坑的护坡面于 29 日下午刚刚施工完毕，结构强度未达标。上述施工过程严重违规，最终导致数十条管线发生断裂。此外，全国各城市由于施工不当所导致的供排水管道破坏事故每天几乎都有发生，每年累计事故 2 000 多次，给人民群众正常的生产和生活带来了严重影响，一定程度上也成了供排水管线防灾减灾中的瓶颈之一，必须通过规范邻近工程施工工艺和技术流程等加以防范。

6 管线科技发展主要挑战

随着城市化进程的加快，地下市政管道的种类和数量日益增多，庞大规模的管道对于日常运维管理而言是一项严峻的挑战。在我国，城市市政管道在日常运维过程中因缺乏科学有效的管理，导致管道在设计、施工、运行和维护过程中一旦出现漏洞，即可导致管道事故的发生，所以从被动应急向主动防控转变非常重要。

6.1 病害检测技术

由于地下管线的不可见性，地下管线只有在发生事故时才被重视，造成了大量的经济损失，同时也给修复工作带来了很大的困难。为解决这一问题，世界各国都投入了大量人力和财力进行病害检测的相关研究，并取得了一定进展。目前，普遍公认的观点是应当及时掌握地下管线的状况。

按照 2017 年城市供水统计年鉴，我国供水管道全年的水资源漏失总量达 78.55 亿 m^3，相当于 22 座日供水量为 100 万 m^3 的自来水厂全年的供水总量。我国城市供水管道的漏失率远高于漏失率仅为 7% 的欧美国家，也高于国家制定的供水管网漏失率不应大于 12% 的目标。供水管网的泄漏增加了供水成本，影响供水企业的经济效益，加剧了我国水资源短缺的局面；同时管道的泄漏还会引发次生灾害，如：管道长期泄漏，会冲刷道路和建筑物基础，引发道路塌陷和建筑物垮塌；管道因泄漏造成水压下降，导致漏点周围的污物和细菌有可能通过漏点进入管道污染水质。

对于病害管道，维修前需要进行病害检测，确定管道发生破坏或者泄漏的位置以及缺口大小，施工人员才能更好地进行修复。如 2014 年 10 月 19 日，漳县天华供热有限责任公司管道维修工程发生一起较大淹溺事故，造成 3 人死亡，直接经济损失 219 万元。发生此次事故的原因和检修管道不力有很大关系。

1. **管线检测方法**

我国非开挖管线工程技术的应用起步较晚，技术水平不高。但是，随着城市化普及率的提高，特别是一些大城市地下管网建设突飞猛进，地下管网的数量和密度迅速加大，过去人工检测和检验已不能满足要求。为此，管理层开始通过引进国外的先进检测设备，推动国内非开挖技术的发展。随后的一段时间里逐渐涌现出一批具有自主知识产权的适合我国特点的地下管道检测机器人控制技术和检测设备。

目前，管道检测方法主要包括电视检测、声呐检测、管道潜望镜检测和传统检测方法。

（1）电视检测主要适用于管道内水位较低状态下的检测，能够全面检查排水管道结构性和功能性状况。

（2）声呐检测只能用于水下物体的检测，可以检测积泥、管内异物。声呐检测对结构性缺陷检测有局限性，不宜作为缺陷准确判定和修复的依据。

（3）管道潜望镜检测主要适用于设备安放在管道口位置进行的快速检测，对于较短的排水管可以得到较为清新的影像资料，其优点是速度快、成本低，影像既可以现场观看、分析，也便于计算机储存。

（4）国外先进的检测技术主要有：澳大利亚的管道检测快速评估技术（Pipeline Inspection Rapid Assessment Techniques，PIRAT）、德国的管道机器人检测系统 MAKRO（MAKRO 是检测机器人的名称）和多重传感器技术（Sewer Assessment with Multisensors，SAM）以及日本的管道扫描与评价技术（The Sewer Scanner and Evaluation Technology，SSET）。Balama 和 Pure Technology 公司共同开发的 P-wave ®（Polar Wave）预应力混凝土（PCCP）管道检测技术，整合光纤监视系统、管道闭合电视检测（Closed Circuit Television, CCTV）、声呐和超声波检测等技术为一体，以满足不同材质管道的检测。CCTV、声呐技术和激光技术等多种技术结合的多传感器机器人管道检测评价技术将是该领域今后发展的主要方向。

2. **我国的管线检测技术存在的问题**

近年来，我国的管道检测技术在检测范围、检测精度方面虽然有了很大进步，但是还未完全成熟，与国外检测技术还有一定差距，目前主要存在以下几个问题：

（1）对于不规则缺陷的探测、描述、定位及表征的可靠性仍较低；

（2）高温、高压、严寒等特殊工作环境影响检测器的精度，甚至造成内检测器运行受损；

（3）检测结果分析过程受到人员经验、技能水平高低的影响；

（4）对于特殊材料的管道（如 PCCP 钢丝断裂情况）的检测方法还不够成熟；

（5）多种管道检测技术虽然在研究上被认为是有效的，但是没能大量地投入到使用当中。

总体来说，我国的管道检测技术在近些年取得了一定进展，开展管道检测方法研究对保障管道运输安全起到重要的作用。但已有的检测方法依旧存在精度不够高、检测管壁缺陷位置差异化、检测装置综合性能不足等问题。同时，在应用方面存在经验不足、检测技术普及率不高等问题。

6.2 管网监测技术

城市供排水管网规模巨大，同时大部分的供排水管网都深埋于地下，难以直接观察。因此，为了保障供排水管网的安全，对其进行监测是很有必要的。目前，国内供水管网的监测手段主要还停留在利用压力传感器和流量计测量管网中部分点位的水压和流量的阶段，对于排水管网进行的监测则主要是对出水口水质进行监测，且由于成本限制，传感器的布置间隔较大。因此，即使对供排水管网进行了监测，供排水管网安全事故仍有发生。

1. 供排水管网事故案例

2017 年 11 月 16 日 14:40，上海市四平路溧阳路附近一根直径 1 200 mm 的水管爆裂，大水冲破路面，附近街道出现较大面积积水。事发时水管爆裂处喷出的水柱高达 2 m，持续时间长达 40 min。事故一度造成约 70 户沿线民居和商铺进水。据维修负责人分析，管道爆裂的原因疑似年代久远，爆管属于老式的铸铁自来水管。此外，天气变化和道路车流量大也可能造成爆管事故发生。

2018 年 12 月 19 日晚，南京市江东门隧道附近某处 DN1500 大口径自来水供水主管爆裂，该管道材质为钢管，经过 10 多个小时的紧急抢修，供水主管道才全面恢复供水，第二天 10:30 左右江东门隧道、北圩隧道恢复双向通行。根据南京水务集团的介绍，本次爆管为自然爆管，多种因素综合造成，主要受隧道口不均匀荷载、冬季低温下管材热胀冷缩应力释放影响，不存在管网老化问题。

2. 管网监测存在的问题

虽然国内的供水公司对供水管网布置了监测系统进行监控。但是，从列举的案例中我们不难发现，管网监测方面仍存在问题和挑战，具体如下：

（1）我国的管道结构监测技术方法还不够多，且适用性不强。

（2）管网监测停留在对部分点位流量、水压和水质的监测，对于地下供排水管道结构本身的监测尚显不足，地下管道在由于热胀冷缩或地面占压所引起的应力变化难以被发现，不能有效规避事故的发生。

（3）对部分点位水压的监测虽然可以使水司发现供水管网出现了较大的渗漏，但是由于缺乏定位技术，在地面未出现明显积水之前，水司难以对爆管具体位置进行定位，进而耽误了管道的抢修。

（4）虽然对管网的水压进行了监测，但是对于管道本身实际承载力的估计不足，高估了老化管道可承受的内压值，不能避免管网加压后老旧管道出现爆管的事故。

（5）管网中的监测系统对于水压瞬时突增突降缺乏必要的自动处置措施或程序，因此对由于阀门的突然开关或停电事故导致的水锤现象缺少必要的应对措施。

（6）目前对管网所面临的第三方破坏风险尚未做到有效监测。所能用到的手段多数是通过巡检员巡检并对管道沿线施工单位进行告知，很少能做到利用土体振动或声信号等手段对第三方破坏进行监测。

不难发现，当前供排水管网在监测技术上仍存在着一些问题和挑战，为了解决这些问题，应当从管道本身结构层面的监测、发生漏损后事故位置的确定、水压瞬变的应对、第三方破坏的监测等方面入手，对供排水管网的监测技术进一步提升和完善。

6.3 管道维修技术

供水管道是城市供水系统的基本设施，保障管道质量是实现水资源正常传输的必要措施，因此城市供水管道维修施工技术，对保证城市居民用水安全至关重要。

1. 管道维修技术存在的问题

管道维修技术是保持管道完整性、延长管道使用寿命以及保证供水正常的必要措施。运用管道修复技术，倡导采用“检测—评估—修复”的管理模式，基本要求是对管道进行定期清洗、检测，查清管道内部状况，并根据管道标准对其状况进行评估，根据评估结果制订处理方案，而不是等管道出现问题后才进行修复处理。这样可确保管道始终处于良好的运行状态，杜绝事故的发生；可以很好地解决现有管道中老化、腐蚀、渗漏、接口脱节、变形等问题，延长管道使用寿命，减少次生灾害的发生。常见的管道维修和更换技术有以下几种：

（1）局部修补：局部修补是在基本完好的管道上纠正缺陷和降低管道的渗漏量等。当管道的结构完好，仅有局部缺陷（裂隙和接头损坏）时，可考虑使用局部修补。局部修补主要用于管道内部的结构性破坏以及裂纹等的修复。目前进行局部修补的方法很多，主要有密封法、补丁法、铰接管法、局部完成法、灌浆法、机器人法等。

（2）全断面修复：全断面修复是在管道中添加内衬的一种修复方法，常见的方法有内衬法、缠绕法、喷涂法。

国内最常见的管道维修方法是开挖修复和更换管道，这类方法可能会带来众多弊端，如施工成本高，施工区居民生活受到严重干扰，并且在很多情况下受城市密集的地下基础设施、地面绿化面积、建筑楼群以及繁忙的交通等因素的限制，留给开挖施工的作业面很小，根本不能实现排水管道的修复更换。

2. 国内管道修复技术与国外的差距

总体来说，国内的管道修复技术、设备的发展、研制和应用与发达国家相比差距还很大，主要表现在：

（1）技术工艺、修复管材单调，能力有限，不成系列，且没有相关产品的配套供应。

（2）相关的标准、规范匮乏，造成施工无依据，使工程的质量无法得到保障。

（3）管道修复质量评价体系尚未建立，给工程的质量监督造成困难。

（4）普遍使用管道开挖修复技术，对于非开挖技术的使用不够成熟且普及率低。

随着我国政府对地下管线的重视程度增加，非开挖修复技术能力及标准规范将逐步完善，非开挖修复技术产业化发展将会有一个极大的飞跃。

6.4 供排水管网防灾能力

城市供排水管网除了日常的事故之外，还会面临多种灾难的挑战。例如地震、洪水、暴雨、火灾等，虽然它们的发生频率低于日常事故，但是一旦发生，很可能造成极为严重的后果，灾后的恢复也难以进行。

1. 事故案例

（1）供水

1975 年，辽宁省海城市发生 7.3 级地震，海城市城区地震烈度为 9 度，场地土类别为Ⅲ类。据统计，城区供水管网总长约 21.35 km，震时遭受破坏 216 处，平均震害率达 10 处/km。震后供水中断，直接影响居民生活、震后消防和工业生产。

1976 年，河北省唐山市发生 7.8 级地震，市区大部分地震烈度为 10 度，场地土类别为Ⅱ类。据统计，市区 220 km 供水管网在强烈地震中遭受严重破坏，其中铸铁管干线、支线长 111 km，主要为灰口铸铁管，总计破坏 444 处，平均震害率为 4 处/km，极震区震害率高达 10 处/km。管道接口拔出、断裂、漏损情况严重，其中，接口损坏占管道总损坏的 79.6%。

2008 年，四川省汶川发生 8.0 级地震，这是新中国成立以来影响力最大的一次地震。地震造成灾区供水设施大面积毁损，全省 181 个市县区，受地震影响的有 126 个市县区，受损水厂 156 个，受损管道累计达 47 643 km。以都江堰市为例，全市县受损供水管网达380 km，破坏点 2 000 多处，受影响人口 32.8 万人，管线渗漏率最高达 65%以上，修复时间长达一个半月。

2013 年，四川省雅安市芦山县发生 7.0 级地震，最大烈度为9 度。水源地发生山体滑坡，致使输水管道移位、断裂漏水，导致供水困难，地震造成水源地建构筑物损坏，影响灾区震后的恢复供水。芦山县城镇（9 度）受损供水管网长达 73 km，直接影响 4 万人民群众的饮水，经济损失 1.095 亿元，9 个乡镇受损管网 800 km，直接影响农村 8 万人民群众的饮水。

2010 年 7 月下旬，我国东北地区出现 4 轮强降雨，吉林省多个城市发生洪涝灾害。洪水冲毁通化市、龙井市、临江市等地的自来水供水管道，导致全城多日停水。在通化市，7 月 31 日洪水冲垮水源地长流水库拦河堤，瞬间包围供水公司办公楼。当天上午 10 时 20 分，4 条管线被冲毁，造成通化全市停水。在吉林延边朝鲜族自治州的龙井市，洪水冲毁多处供水管道，从 7 月 28 日开始，市区 8 万多市民的自来水供应完全中断。在临江市，2 条供水管线 7 月 31 日下午被冲断，造成 6.4 万市民供水中断。

2019 年 8 月 11 日，山东省沂水县由于受 9 号台风“利奇马”影响，出现暴雨。凌晨 1 点，位于县城北一环以北、田庄村西、大沂河东侧的溪源水厂 DN900 铸铁供水主管道被洪水冲坏，导致城区较大面积停水。由于连日降雨，加之跋山泄洪等原因，管道损坏处水深达 2 m 以上，原供水管道无法维修。因此，最后只能采用对该处管道进行改道的维修方式，导致沂水县从 8 月 12 日起实施分区供水。

（2）排水

2012 年 7 月 21 日，北京市遭遇特大暴雨。经事后统计，全市主要积水道路 63 处，积水 300 mm 以上路段 30 处；路面塌方 31 处；3 处在建地铁基坑进水；轨道交通 7 号线明挖基坑雨水流入；5 条运行地铁线路的 12 个站口因漏雨或进水临时封闭，机场线东直门至 T3 航站楼段停运。城市道路交通、地铁、机场和铁路都受到了严重的影响。虽然此次降水过程实属罕见，但是这也显示出了城市排水系统在极端天气事件下的脆弱性，城市防涝工作仍有待进步。

2013 年 10 月 22 日，温州市区某酒店门口附近的几个窨井盖突然腾空而起，剧烈的爆炸导致附近多辆车受损。2013 年 12 月 2 日，在这一事发地点再度发生同样的爆炸。经事后调查，事故发生的根本原因均由于位于附近花坛上的燃气放散立管折裂引起，燃气泄漏进入渗透性回填土层，扩散到位于 2 m 以外的新村雨水口，通过截污管进入小区污水管线，汇入某路段污水管，最后达到过境路污水主管线。过境路污水向东流动，事故井位于管线下游，因此燃气聚集，与管中空气混合形成爆炸气体，被火星点燃后引起爆炸。

2013 年 11 月 22 日，山东省青岛经济技术开发区的某石油化工股份有限公司管道储运分公司输油管道发生泄漏爆炸特别重大事故。事故造成 62 人死亡、136 人受伤，直接经济损失高达 75 172 万元。经国务院事故调查组调查，事故原因为泄漏原油进入市政排水暗渠，在形成密闭空间的暗渠内油气积聚遇火花发生爆炸。

2014 年 12 月 11 日，黄石市一小区附近的下水管道发生爆炸事故，1 000 多米路段上的数十个窨井盖被炸飞，井口蹿出一米多高的火苗。当地政府和有关部门紧急出动，将险情排除。事故导致部分路面受损，幸未造成人员伤亡。经过调查，事发时，附近一家药业公司向下水管道内排放了汽油、乙醇等废液，废液遇到明火，继而引发了爆炸。

2. 管道防灾的挑战

由此可见，供排水管道在使用过程中一旦遭遇地震、洪水、暴雨、火灾等情况，一旦处置不力，就容易造成极其严重的后果。因此，供排水管线的防灾问题亟待解决，其所面临的问题和挑战主要有：

（1）目前对城市供排水管网规划时，对地震灾害重视不足，规范中存在的设计条文也仅仅针对管道层面进行抗震设计，尚且缺乏从管网层面进行的抗震设计，制定规范缺乏这方面的意识。

（2）部分区域的供排水管网对洪灾的预防不足，导致了洪灾发生时管道因洪水冲刷而出现断裂的事故。

（3）城市排水管网在应对短时暴雨所造成的城市内涝尚存在短板，虽然已经引起了社会各界的重视，但是城市内涝仍有发生。

（4）城市排水管网在使用过程中，除了污水、雨水外，还可能会有易燃易爆的气体、液体混入其中，由于排水管道是一个相对密闭的空间，因此一旦遇到明火，就可能诱发火灾爆炸，同时，密闭空间内人员施工处置不当，极易导致人员伤亡事故发生。

面对地震、洪水、暴雨、火灾等极端灾害，供排水管道还有着较多的问题和挑战，业界对于防灾的重视程度仍然有待提高。

6.5 风险评估

截至 2018 年年底，我国供水管道总里程达 86.7 万 km，天然气管道总里程达 69.8 万 km，排水管道总里程达 68.3 万 km。由于第三方破坏、腐蚀老化、温度变化等原因导致目前我国的市政管道处于高风险态势，对日常运维管理提出了严峻挑战。

据统计，2004—2016 年，上海某区共发生各类供水管道运行事故 2 万起，某些年份的安全事故高达 2 500 起以上。运行事故尤其是爆管，严重影响城市的正常运转。例如，2010 年 6 月，长春市某街主干供水管道因附近工地的基坑滑坡而断裂，多条水柱喷出，最高达 10 m，附近 11 万人无水可用，抢修工作持续 58 小时。燃气管道也面临着第三方破坏的风险，例如，2002 年 4 月，成都市发生一起煤气管道挖断事故，造成了多人重伤的严重后果。类似事件不胜枚举……随着城市化进程的加快，市政管道的运行环境日趋复杂，伴随着老化和第三方破坏等因素，使当前城市管道风险等级日益升高。然而，当前我国仍然缺乏针对市政管线的风险评估技术，对于管线的运行状态和风险情况缺乏足够的认识，对于事故，依然采用"先发生、后治理"的被动式管理。这对于管网的管理维护乃至整个城市的运转而言都是十分不利的。

我国市政管道及管网的风险评估方面面临的挑战如下：

（1）做好管道普查。目前，城市管道的种类日益繁多，做好管道普查工作是风险评估以及城市地下空间开发利用的基础性工作。

（2）建立适合市政管道的风险评估模型。借鉴长输管道的风险评估方法，并结合市政管道自身特点，建立适合市政管道的风险评估模型。

（3）完善市政管网运行安全风险评价标准。在管道风险评估模型的基础上，建立完善市政管网运行安全风险评价标准，编制相应的规范体系。

6.6 管线信息化

随着我国推行城市智慧化发展，水管理机构复杂，保供水安全是一个系统工程，供水设施信息化建设的目的是保障整个城市供水环节能互通，改变信息孤立，实现环节共享共治，形成统一调度统一指挥统一管理的智慧安全供水。

2013 年 10 月，郑州市区一条直径 1.2 m 的供水干管爆管，导致市区近四分之一供水受到影响，类似事件在过去一年内出现了 52 次。造成如此恶劣影响的原因是多方面的，首先，施工方和管理方缺乏沟通，施工方在进行施工时对附近的管道信息不了解，即使获取管道信息后，也未及时通知管道管理单位或者采取保护措施，管理单位获得施工信息仅靠本单位的巡视员；其次，以往造成类似事故的施工单位未受到相应处罚，而这往往因为执法人的信息滞后，且面临取证困难问题。所以做好管网普查，利用数字化技术建立管道管理方案，加强管网的信息化建设是非常重要的。

信息化建设是促进和带动城市供水现代化、提升城市供水行业社会管理和公共服务能力、保障城市供水安全和可持续发展的必然选择。城市供水信息化不仅适应城市信息化迅速发展的需要，而且对供水企业的企业现代化建设和管理工作来说至关重要，充分体现城市供水企业“数字供水”的智慧水务服务理念和管理水平。城市供水信息化系统的建设也是响应国家确立的以信息化带动工业化，以信息化推动现代化的发展战略思想。

我国城市供水企业从20世纪90年代初期就不同程度地开始致力于管理信息系统的建设，在长期的探索、开发和应用过程中，积累了丰富的建设经验，企业信息化的水平不断提高，特别是近几年来，“数字供水智慧水务”、建设信息社会等的提出，对城市供水企业信息化的要求越来越高。过去以生产管理、管网管理、营业管理为主要核心的管理信息系统，得到长期的应用实践，已经成为城市供水企业工作中不可缺少的工具。比如在水利资源丰富的桂林市，桂林市自来水公司通过自身对于GIS平台及信息化工作的重视，保证数据现势性，同时引进“数字城管”等系统建设思路，大刀阔斧地推进其水务工作信息化建设，取得了许多卓有成效的成绩。

与此同时，国际供水企业的信息化大多采用以数据采集与监视控制系统（Supervisory Control And Data Acquisition, SCADA）数据为基础的数据系统，它很好地解决了设备实时运行状态监测的数据采集、分析等支持功能；以ERP/EAM为核心，并与SCADA系统对接，对设备的运行、维护实施全面地在线实时监测和实时管理；以地理信息系统或地学信息系统（Geographic Information System, GIS）为辅助系统，与SCADA系统、ERP/EAM系统整合，形成实时在线的一体化数据管理平台，全面提高城市供水信息化水平。

与国际相比较，我国管线信息化建设还存在相当大的差距，信息化系统机制比较薄弱，主要体现在以下几方面：

（1）对管线信息化建设的重视程度不够。对于供排水管线的应用和发展而言，仅仅重视对档案资料的信息化建设无法保证提供及时、全过程的管线运行情况监督管理；另外，传统定时定期展开普查普测的要求，投入的人力、物力、财力大大浪费了社会资源。

（2）现有的管线信息化技术水平不够。供排水管线信息化建设必须依托于一定的信息技术，而当前信息化建设仍处于摸索阶段，所采用的信息技术并不是最佳的。对于地下管线信息化技术管理而言，需要专业人才将各种信息技术落实到地下管线的设计、施工以及管理中。因不同的管线所采用的埋置方式、材质、型号等是不同的，实现信息化建设，必须对这些内容实现全面的信息化创新。当前地下管线信息化建设仅仅集中在对于管线档案的信息平台建设，而忽视了其他内容的信息化创新。

（3）对管线建设的管理监督力度不够。不同管线建设管理的主体不同，导致管理的力度不同，管理的侧重点也有异，导致各个主体地下管线信息化建设标准不同，进而造成监管部门不能对各管线的信息化程度进行统一管控。

当今世界，高新技术的发展正不断地影响和改变着人们的工作和生活方式，以物联网、云计算、移动互联网为主要标志的新一代信息化技术，已逐渐成为推动当今世界经济、政治、文化等各个领域发展的强大动力，被人们概括为“智慧地球”“信息社会” 和“智慧时代”。随着我国智慧城市的推行，物联网、云计算、下一代互联网、物联网等新技术将得到广泛应用，城市供排水管网智能信息化水平也将会随之不断提高。

挑战篇小结

总体来说，中国的城市供水排水事业伴随着国家的经济建设和社会发展走过了七十多年的发展历程，取得了令人欣喜的成绩。在中央和各级地方政府的高度重视下，在国家各项法规和方针政策的指导下，城市供排水设施建设投入不断加大，能力大幅度增长，各项设施和管理水平显著提高。然而，我国在供排水发展方面依然存在诸多挑战和问题。

（1）城市供排水管线由于长埋地下，其设计、施工、运行等长期处于粗放式管理模式，管道事故频发，成为困扰城市管理者的难题之一。如何评估和化解管线的运行风险成为城市管理者亟待解决的问题之一。

（2）我国供排水行业近年来虽然发展迅速，但在规划设计、运维管理和防灾减灾三个方面都存在发展瓶颈，尤其既有老旧地下管网存在的病害问题，如何实现科学检测评估及诊断是面临的重要技术挑战。只有突破这些瓶颈我国的供排水行业才能进一步发展。

（3）管道在设计、施工、运行和维护过程中一旦某一环节出现问题，即可导致管道事故的发生，所以对于城市管道的管理需要从被动应急向主动防控转变，而目前在主动防控管理方面存在许多问题与挑战。

参考文献

[1] 李思文.北方A市老旧城区供水管网安全风险评价研究[D].长春:吉林建筑大学,2016.

[2] 江敏.基于改进层次分析法的供水管网漏损评价工作体系研究[D].哈尔滨:哈尔滨工业大学,2017.

[3] 邓天奇.基于客观组合赋权的供水管网健康度多级综合评价模型研究[D].广州:广东工业大学,2018.

[4] 余鹏钧.南方某市供水管网健康评价指标体系及模型构建研究[D].广州:广东工业大学,2013.

[5] 张铁刚.天津市供水管网爆管折管分析及降漏对策研究[D].西安:西安建筑科

技大学,2006.
[6] 邢翔轩.城市供水管网风险分析及评价[D].西安:西安建筑科技大学,2012.
[7] 骆升.城市大口径给水管道爆管对策措施[D].杭州:浙江工业大学,2012.
[8] 张立秋,张朝升,李淑更.市政给水管道爆管原因与对策研究[J].广州大学学报(自然科学版),2009,8(2):72-76.
[9] 龙志宏,王坤,王志红,等.广州市芳村地区供水管网爆管因素分析及对策研究[C]//第七届中国城镇水务发展国际研讨会论文集.宁波,2012.
[10] 曾武,倪福勋,徐速,等.江阴市供水管网事故回归模型的建立与分析[J].制造业自动化,2011,33(3):118-120.
[11] 李常虹,徐世斌,姚宇新.沈阳市输配水管道漏水事故分析及对策研究[J].供水技术,2015,9(2):32-36.

对策篇
Countermeasure

7 总体对策

伴随着我国城市化进程，城市供水管网系统发展迅猛，截至2017年年底，我国城市供水管网79.7万km，燃气管网64.1万km，排水管网63.0万km，城市主干道路下密布各类地下管线，平均每平方千米地下管线长度25km以上(中国城乡建设统计年鉴，2016)，不同口径及功能的管线密集地敷设在地表以下10 m以内空间，多种类型管线形成城市赖以生存与发展的地下管网系统。我国城市地下管网大规模建设，各类管线纵横交错敷设，这使得城市地下管线凸显异常复杂的环境特征。城市地下管网系统中频发的各类事故或灾害给国家带来巨大的经济损失和人员伤亡，产生严重的社会影响。各类灾害和事故隐患威胁着城市地下管网系统的安全运行和管理，城市地下管网系统运行安全与保障问题是我国可持续发展的重大需求。

随着城市市政管网规模迅速增加，安全运行问题日益突出，并已成为公共安全领域的迫切需求和焦点问题，引起政府部门和全社会的高度重视。2014年，《国务院办公厅关于加强城市地下管线建设管理的指导意见》(国办发〔2014〕27号）颁布实施以来，国家针对地下管线连续出台了多项政策文件，2019年，《住房和城乡建设部 工业和信息化部 国家广播电视总局 国家能源局关于进一步加强城市地下管线建设管理有关工作的通知》(建城〔2019〕100号）要求“对管线运行状况进行监控预警，使管线始终处于安全受控状态”。“鼓励应用物联网、云计算、5G网络通信、大数据等技术，积极推进地下管线系统智能化改造，为工程规划、建设施工、运营维护、应急防灾、公共服务提供基础支撑，构建安全可靠、智能高效的地下管线管理平台”。

“十三五”规划以来，我国已经逐步开展了针对城市地下管网结构和系统安全的研究与应用，然而目前仍然面临缺乏地下管网快速检测、智能诊断、动态监控、动态评估等技术手段来有效支撑管网运行安全保障，同时，还需要进一步加强我国地下管网安全标准体系建设，从而形成技术—标准—应用的保障技术体系。

城市供水和排水管网的运行安全与保障主要包括管网的健康诊断评估和修复、安全风险评估和标准以及智能监管平台三方面：

（1）城市供水和排水管网系统健康诊断和管道修复技术与装备：既有供水和排水管网系统精准探测定位技术、健康诊断技术与成套装备，地下管道高精度非开挖快速修复技术和高聚物注浆成套技术装备。

（2）城市市政管网运行安全风险评估技术、管网规划建设与运行安全标准规范体系：建立城市既有市政管线、管网系统多维度综合风险分析模型和评估体系，提出城市管网运行安全风险图编制方法，完善城市市政管网规划建设标准体系和市政管网系统性安全策略，编制市政管网规划运行安全系列技术标准。

（3）城市供水和排水管网安全运行保障集成智能监管平台：发展管线精准定位与专项普查集成技术，应用物联网技术研究城市区域管网监测设备与传输系统，研究城市管网系统网络防灾拓扑优化分析技术，构建基于大数据技术的管网动态运行安全快速预报系统，建立供水和排水管网系统运行安全应急决策与紧急处置智能监管平台。

8 政策文件

8.1 供水管线政策文件分析

随着我国给水行业的不断发展，“高起点的规划、高标准的建设、高效率的管理、高质量的服务”已经成为城镇给水规划、建设管理与服务的“四高要求”。为了对给水行业进行有效引导和管理，国家出台了一系列的方针、政策和技术规范，对行业管理提出了具体的要求。

8.1.1 保障给水水质，确保给水安全，优化给水调度

党中央、国务院高度重视饮用水安全问题，2005 年 10 月 9 日，建设部颁布了《城市供水行业 2010 年技术进步发展规划及 2020 年远景目标》，明确提出要保障城镇给水水质，解决因水源污染、设施落后等原因导致的饮用水水质不安全问题。2005 年 4 月，《国务院办公厅关于加强饮用水安全保障工作的通知》(国办发〔2005〕45 号）颁布实施，2017 年 12 月，国家发改委、水利部、建设部、卫生部和国家环保总局、五部委印发《全国城市饮用水安全保障规划(2006—2020 年)》，要求各给水单位要建立以水质为核心的质量管理体系，建立严格的取样、检测和化验制度，按国家有关标准和操作规程检测给水水质，并完善检测数据的统计分析和报表制度。

为适应我国城镇化健康快速发展，给水设施面临升级改造和扩大规模的迫切需求，住房和城乡建设部、国家发展和改革委员会也在“十一五”期间启动了有关规划的编制工作。2012 年 5 月 25 日，发布了《全国城镇供水设施改造与建设“十二五”规划及 2020 年远景目标》(建城〔2012〕82 号)。该文件明确指出“供水管网和二次供水问题突出”，目前全国仍有大量使用服务期限超过 50 年和材质落后的管网，导致管网水质合格率较出厂水降低；管道漏损严重，“爆管”现象频发，甚至引起全城停水。二次供水设施以屋顶水箱和地下水池为主，部分设施卫

生防护条件差，疏于管理，二次污染风险突出，严重影响城镇供水安全。并提出了供水管网改造的目标及具体任务。

2017 年，住房和城乡建设部、国家发展和改革委员会印发《全国城市市政基础设施规划建设“十三五规划”》，明确了“十三五”期间 12 项任务，其中“构建供水安全多级屏障，全流程保障饮用水安全”要求“推进供水设施改造与建设，满足城市新增人口的用水需求。建立从‘源头到龙头’的全流程饮用水安全保障体系，加快对水源污染、设施老化落后等导致的供水水质不能稳定达标的水厂、管网和二次供水设施的更新改造。针对因原水污染导致出厂水高锰酸盐指数和臭味等指标超标的水厂，应采用强化常规工艺，或采用预处理或深度处理工艺等方式进行升级改造；针对现有工艺不完善导致出厂水铁、锰、氟化物、砷等元素超标的水厂，应以增加除铁、锰、氟、砷工艺为主进行升级改造”。

8.1.2 提升给水设施的应急管理水平

《国务院办公厅关于加强饮用水安全保障工作的通知》（国办发〔2005〕45 号）要求，地方各级人民政府根据水资源条件，制订城乡饮用水安全保障的应急预案；要成立应急指挥机构，建立技术、物资和人员保障系统，落实重大事件的值班、报告、处理制度，形成有效的预警和应急救援机制；当原水、给水水质发生重大变化或给水水量严重不足时，给水单位必须立即采取措施并报请当地人民政府及时启动应急预案。

2012 年 5 月 28 日，住房和城乡建设部批准实施的《城镇给水排水技术规范（GB 50788—2012）》（住房和城乡建设部公告第 1413 号）中指出，城镇给水设施要具有预防多种突发事件影响的能力，在得到相关突发事件将影响设施功能信息时，要能够采取应急准备措施，最大限度地避免或减轻对设施功能带来的损害；要设置相应的监测和预警系统，及时、准确识别突发事件对城镇给水设施带来的影响；城镇给水信息系统应具有数据采集与处理、事故预警、应急处置等功能，并作为数字化城市信息系统的组成部分。

《全国城镇供水设施改造与建设“十二五”规划及 2020 年远景目标》（建城〔2012〕82 号）也明确提出，健全应急响应机制，完善应急预案；完善水厂应急处理设施，储备应急给水专项物资，加强应急抢险专业队伍建设，全面提升应急给水保障能力。

8.1.3 开展节约用水工作，全面建设节水型社会

随着经济社会的快速发展和城市化进程的不断加快，人类在充分享受现代文明的同时，各类用水也不断增加，导致水资源的供需矛盾日益突出。

2005 年，国家发改委、科技部、水利部、建设部、农业部联合发布的《中国节水技术政策大纲》指出：坚持科学发展观，把节水放在更加突出的位置；国家鼓励节水新技术、新工艺和重大装备的研究、开发与应用；大力推行节约用水措施，发展节水型工业、农业和服务业，建设节水型城市、节水型社会。

同年，国务院做出了《关于加快发展循环经济的若干意见》和《关于做好建设节约型社会近期重点工作的通知》，要求深入开展城市节约用水工作，全面建设节水型社会，对节水工作提出了更高要求。

2007 年初，国家发改委、水利部、建设部发布了《节水型社会建设"十一五"规划》，提倡采用先进的节水技术改造现有的水资源利用工程设施，大力研发推广节水新技术、新设备、新产品和新材料，促进水资源高效利用。

《城镇给水排水技术规范》(GB 50788—2012）规定，建设城镇给水系统时，要选取节水和节能性工艺、设备、器具和产品，保证系统运行过程中发挥节水和节能的效益。

2017 年，《全国城市市政基础设施规划建设"十三五规划"》要求"扩大公共供水管网覆盖范围，有序关停公共供水管网覆盖范围内的自备井，提高公共供水有效供给。开展供水管网分区计量管理，加强供水管网漏损检查和改造，降低供水管网漏损率。实施城市节水综合改造，推进城市再生水、雨水、海水淡化水等非常规水源的利用，全面建设节水型城市"。

2019 年，国家发展和改革委员会、水利部发布《国家节水行动方案》(发改环资规〔2019〕695 号)，要求"到 2020 年，节水政策法规、市场机制、标准体系趋于完善，技术支撑能力不断增强，管理机制逐步健全，节水效果初步显现。全国公共供水管网漏损率控制在 10% 以内""加快关键技术装备研发。推动节水技术与工艺创新，瞄准世界先进技术，加大节水产品和技术研发，加强大数据、人工智能区块链等新一代信息技术与节水技术、管理及产品的深度融合。重点支持用水精准计

量、水资源高效循环利用、精准节水灌溉控制、管网漏损监测智能化、非常规水利用等先进技术及适用设备研发”。

8.1.4 加强给水监管

《城市供水水质管理规定》(建设部令第156号)中规定，城镇给水主管部门应加强对给水设施建设、给水水量及水质监测工作的指导和监督。《城镇给水排水技术规范》(GB 50788—2012)指出，城镇给水企业应按照国家有关规定检测给水水质，向城镇给水主管部门、环境保护主管部门报送水质和水量信息，并按照有关规定和维护运营合同，向城镇给水主管部门报送生产运营等信息。《全国城镇供水设施改造与建设“十二五”规划及2020年远景目标》(建城〔2012〕82号)提出应“加强国家行业水质监管能力建设，提升城镇给水行业对各地给水水质的监管能力和业务水平，推动国家饮用水水质与安全监控工程技术发展”。

2011年，卫生部组织编制的《全国城市饮用水卫生安全保障规划(2011—2020年)》作为各级卫生部门提高饮用水卫生安全保障能力建设的指导性文件，提出了进行给水监管信息化建设的要求。规划指出：要充分考虑城市饮用水卫生安全保障的基本要求，重点针对饮用水卫生监管的薄弱环节，逐步完善并加强信息处理能力；充分利用现有的饮用水卫生安全信息资源，通过优化整合、完善存量资源的现有功能，实现饮用水卫生安全信息共享；建立全国饮用水水质在线监督监测数据监控中心，水质在线监督监测数据统一并入“饮用水卫生安全管理信息系统”，实施全国范围内的饮用水卫生安全动态监控。

由此可见，为保证城镇给水体系与城镇的建设和发展相匹配、与社会经济持续发展相协调、与居民生活水平不断提高相适应，必须切实保障城镇给水安全，利用信息化手段建立和健全城镇给水的日常管理机制以及紧急情况下迅速有效的应对机制，实时高效地对给水系统运行状态进行有效管理。

8.2 排水管线政策文件分析

近年来，国家针对城镇排水信息化出台了一系列的法规标准文件，提出了明确要求。

8.2.1 加快排水行业信息化管控平台建设

1.《国务院办公厅关于做好城市排水防涝设施建设工作的通知》

2013 年,《国务院办公厅关于做好城市排水防涝设施建设工作的通知》(国办发〔2013〕23 号)提出，各地区要尽快对当地的地表径流、排水设施、受纳水体等情况进行全面普查，建立管网等排水设施地理信息系统；全面提高排水防涝数字化水平，积极应用地理信息、全球定位、遥感应用等技术系统；加快建立具有灾害监测、预报预警、风险评估等功能的综合信息管理平台，强化数字信息技术对排水防涝工作的支撑。

2.《国务院关于加强城市基础设施建设的意见》

2013 年，《国务院关于加强城市基础设施建设的意见》（国发〔2013〕36 号）提出各地要统筹组织协调在建基础设施项目，加快施工建设进度。通过建立城市基础设施建设项目信息系统，全面掌握在建项目进展情况。建立城市基础设施电子档案，实现城市数字城管平台全覆盖。提升城市管理标准化、信息化、精细化水平，提升数字城管系统，推进城市管理向服务群众生活转变，促进城市防灾减灾综合能力和节能减排功能提升。

同年,《住房和城乡建设部关于印发城市排水防涝设施普查数据采集与管理技术导则(试行）的通知》(建城〔2013〕88 号）提出直辖市及有条件的城市要在普查工作的基础上，加快城市排水防涝数字化管控平台建设，提高城市排水防涝设施规划、建设、管理和应急水平，其他城市要逐步建立和完善排水防涝数字化管控平台。

《住房和城乡建设部关于印发城市排水(雨水）防涝综合规划编制大纲的通知》(建城〔2013〕98 号）提出按照住房和城乡建设部《城市排水防涝设施普查数据采集与管理技术导则(试行)》，结合现状普查，加强普查数据的采集与管理，确保数据系统性、完整性、准确性，为建立城市排水防涝的数字信息化管控平台创造条件。直辖市、省会城市和计划单列市及有条件的城市要尽快建立城市排水防涝数字信息化管控平台，实现日常管理、运行调度、灾情预判和辅助决策，提高城市排水防涝设施规划、建设、管理和应急水平；其他城市要逐步建立和完善排水防涝数字化管控平台。

2014 年,《国务院办公厅关于加强城市地下管线建设管理的指导意见》(国办发〔2014〕27号）提出建立和完善综合管理信息系统。要求各城市在普查的基础上，建立地下管线综合管理信息系统，满足城市规划、建设、运行和应急等工作需要。包括驻军单位、中央直属企业在内的行业主管部门和管线单位要建立完善专业管线信息系统，满足日常运营维护管理需要，驻军单位按照军队有关业务主管部门统一要求组织实施。综合管理信息系统和专业管线信息系统应按照统一的数据标准，实现信息的即时交换、共建共享、动态更新。推进综合管理信息系统与数字化城市管理系统、智慧城市融合。充分利用信息资源，做好工程规划、施工建设、运营维护、应急防灾、公共服务等工作，建设工程规划和施工许可管理必须以综合管理信息系统为依据。

8.2.2 加强对城镇排水的指导和监督

《国务院关于印发节能减排综合性工作方案的通知》明确要求“加强对城镇污水处理设施建设和运行的指导和监督”。《城镇排水与污水处理条例》中指出“城镇排水主管部门应当加强对排放口设置以及预处理设施和水质、水量检测设施建设的指导和监督；对不符合规划要求或者国家有关规定的，应当要求排水户采取措施，限期整改”。“城镇排水主管部门委托的排水监测机构，应当对排水户排放污水的水质和水量进行监测，并建立排水监测档案。排水户应当接受监测，如实提供有关资料”。“县级以上地方人民政府环境保护主管部门应当依法对城镇污水处理设施的出水水质和水量进行监督检查”。

8.2.3 加快排水监管信息化建设

《城镇排水与污水处理条例》中要求“县级以上地方人民政府应当根据当地降雨规律和暴雨内涝风险情况，结合气象、水文等资料，建立排水设施地理信息系统和暴雨内涝监测预警体系”，加强对城市排水防涝设施建设和运行状况的监管；《国务院办公厅关于做好城市排水防涝设施建设工作的通知》(国办发〔2013〕23号）明确要求城市排水防涝设施建设工作要“加强科技支撑”“加强城市降雨规律、排水影响评价、暴雨内涝风险等方面的研究；全面提升排水防涝数字化水平，积极应用地理信息、全球定位、遥感应用等技术系统；加快建立具有灾害监测、预报预警、风险评估等功能的综合信息管理平台，强化数字信息技术对排水防涝工作的支撑”；“城镇排水主管部门应当将排水许可材料按户整理归档，对排水户档案实行信息化管理；列入重点排污单位名录的排水户安装的水污染物排放自动监测设备，应当与环境保护主管部门的监控设备联网，实现数据共享”。《全国城市市政基础设施规划建设“十三五规划”》要求“加快城市排水与污水监测能力建设，所有设市城市应具备排水与污水处理监测能力”“建设暴雨内涝监测体系，提高内涝预报预警能力”。

8.2.4 加快排水管网建设与改造

《全国城市市政基础设施规划建设“十三五规划”》要求“对黑臭水体及其支流汇流范围内的城中村、老旧城区和城乡接合部，因地制宜开展污水收集和处理设施的建设与改造，力争做到全收集、全处理、全达标排放。要通过雨污分流、污水管网的建设与改造提高污水管网质量，逐步使污水处理厂的进水浓度达到设计要求。合理确定污水处理厂污染物排放标准，对出水不能达到水生态环境质量要求的污水处理厂，要进行相应的提标改造。对雨季溢流频率高的污水处理厂，要根据实际情况进行管网雨污分流改造或污水处理厂增容扩容改造。敏感区域的污水处理设施应尽快提标改造，达到国家相关要求”。“加快对城市易涝点整治，使经整治的超大城市和特大城市的易涝点防涝能力达到 50 年一遇以上，大城市达到 30 年一遇以上，中小城市达到 20 年一遇以上。对城市易涝点的雨水口和排水管渠进行改造，科学合理设置大型排水(雨水）管廊”,“推进海绵型道路与广场建设，改变雨水快排、直排的传统做法，增强道路绿化带对雨水的消纳功能，在非机动车道、人行道、停车场、广场等扩大使用透水铺装，推行道路与广场雨水的收集、净化和利用，减轻对市政排水系统的压力”。

8.3 城市地下管线相关政策分析

随着城市市政管网规模迅速增加，安全运行问题日益突出，已成为公共安全领域的迫切需求和焦点问题，引起全社会的高度重视。自 2013 年以来，国家针对地下管线连续出台了多项政策文件。2013 年，《关于加强城市基础设施建设的意见》（国发〔2013〕36 号），2014 年,《关于加强城市地下管线建设管理的指导意见》(国发〔2014〕27 号)，2015 年,《关于推进城市地下综合管廊建设的指导意见》(国发

〔2015〕61 号)，2016 年，《国务院关于深入推进新型城镇化建设的若干意见》(国发〔2016〕8 号)和《中共中央国务院关于进一步加强城市规划建设管理工作的若干意见》，2017 年，《全国城市市政基础设施规划建设"十三五规划"》(住房城乡建设部、国家发展改革委)，2018 年中共中央办公厅、国务院办公厅印发《关于推进城市安全发展的意见》，2019 年，《住房和城乡建设部、工业和信息化部、国家广播电视总局、国家能源局关于进一步加强城市地下管线建设管理有关工作的通知》(建城〔2019〕100 号)。

1.《国务院办公厅关于加强城市地下管线建设管理的指导意见》

2014 年，《国务院办公厅关于加强城市地下管线建设管理的指导意见》(国办发〔2014〕27 号)是目前城市地下管线综合管理领域最高的纲领性文件，该文件首次提出"把加强城市地下管线建设管理作为履行政府职能的重要内容"，并将地下管线的建设管理工作提升到"保障城市安全运行，提高城市综合承载能力和城镇化发展质量"的高度。

目标方面，该文件要求力争用 5 年时间，完成城市地下老旧管网改造，将管网漏失率控制在国家标准以内，显著降低管网事故率，避免重大事故发生；用 10 年左右时间，建成较为完善的城市地下管线体系，使地下管线建设管理水平能够适应经济社会发展需要，应急防灾能力大幅提升。

任务方面，该文件从规划、建设、维护、信息化建设、法规标准、保障六大方面提出了 16 项具体任务。规划方面要求加强城市地下管线的规划统筹、严格实施城市地下管线规划管理；建设方面要求统筹城市地下管线工程建设、稳步推进城市地下综合管廊建设、严格规范建设行为；维护方面要求加大老旧管线改造力度、加强维修养护、消除安全隐患；信息化建设方面要求开展城市地下管线普查、建立和完善综合管理信息系统；法规标准方面要求完善法规标准研究，制定地下空间管理、地下管线综合管理等方面法规，健全地下管线规划建设、运行维护、应急防灾等方面的配套规章，开展各类地下管线标准规范的梳理和制(修)订工作，建立完善地下管线标准体系；保障方面要求加大政策支持、落实地方责任、健全工作机制，以及积极引导社会参与。

2.《全国城市市政基础设施规划建设"十三五规划"》

2017 年，住房和城乡建设部、国家发展和改革委员会印发《全国城市市政基础设施规划建设"十三五规划"》，明确了"十三五"时期 12

项任务，分别为：加强道路交通系统建设，提高交通综合承载能力；推进城市轨道交通建设，促进居民出行高效便捷；有序开展综合管廊建设，解决“马路拉链”问题；构建供水安全多级屏障，全流程保障饮用水安全；全面整治城市黑臭水体，强化水污染全过程控制；建立排水防涝工程体系，破解“城市看海”难题；加快推进海绵城市建设，实现城市建设模式转型；优化供气供热系统建设，提高设施安全保障水平；完善垃圾收运处理体系，提升垃圾资源利用水平；促进园林绿地增量提质，营造城乡绿色宜居空间；全面实施城市生态修复，重塑城市生态安全格局；推进市政设施智慧建设，提高安全运行管理水平。根据规划任务，提出了相应的 12 项重点工程，明确了各项重点工程的建设内容和建设规模。

3.《住房和城乡建设部、工业和信息化部、国家广播电视总局、国家能源局关于进一步加强城市地下管线建设管理有关工作的通知》

2019 年,《住房和城乡建设部、工业和信息化部、国家广播电视总局、国家能源局关于进一步加强城市地下管线建设管理有关工作的通知》(建城〔2019〕100 号）要求“对管线运行状况进行监控预警，使管线始终处于安全受控状态”。“鼓励应用物联网、云计算、5G 网络、大数据等技术，积极推进地下管线系统智能化改造，为工程规划、建设施工、运营维护、应急防灾、公共服务提供基础支撑，构建安全可靠、智能高效的地下管线管理平台”。

9 标准规范

9.1 城镇供排水管道工程建设标准体系和层级

根据国务院关于深化标准化工作改革方案的要求，在我国新的标准体系中，标准被分为四个层次：第一层次是全文强制性标准，第二层次是通用标准，第三层次是专用标准，第四层次是团体标准。下文对供排水管网工程建设的相关标准体系进行详细介绍。

9.1.1 第一层次:全文强制性标准

目前，城镇给排水管道强制性标准是以条文强制的形式分散在 20 本左右的国家标准或行业标准中，按照国务院关于深化标准化工作改革方案的要求，住建部于 2019 年下达了全文强制标准的编制工作计划。拟将各个专业需要强制执行的标准集中整合，逐步解决现行强制性标准存在的交叉重复矛盾、超范围制定等主要问题，为构建结构合理、规模适度、内容科学的新型强制性国家标准体系奠定基础，实现“一个市场，一条底线，一个标准”。经过研究和论证，目前正在编制的涉及城镇给排水管道的强制性标准共有 3 本，分别是:《城乡给水工程项目规范》《城乡排水工程项目规范》和《市政管道通用规范》。这 3 本强制性标准目前已经完成了征求意见稿。

三本标准将全面覆盖给排水管道工程建设中涉及的工程质量、安全、卫生、节能及环境保护等公众利益的规定。3 本标准是城镇给排水管道设施达到的最基本目标，是参与给排水管道工程建设活动的各方主体必须遵守的准则，是管理者对工程建设、使用及维护依法履行监督和管理职能的基本技术依据，也是给排水管道标准体系最高层级。

9.1.2 第二层次:通用标准

城镇给排水管道通用标准有 4 本，如下所列：

（1）《室外排水设计规范》（GB 50014—2016）；

（2）《室外给水设计标准》（GB 50013—2018）；

（3）《给水排水工程管道结构设计规范》（GB 50332—2002）；

（4）《给水排水管道工程施工及验收规范》（GB 50268—2008）。

这 4 本标准对给排水管道的工艺设计、结构设计以及管道施工和质量验收环节等方面做出了通用规定，所有给排水管道在工程建设过程中都应遵守这些标准。

9.1.3 第三层次：专用标准

城镇给排水管道专用标准包括行业标准和地方标准两方面。

行业标准由住房与城乡建设部制定，目前共发布 13 本标准，内容涉及给水排水管道的运行、维护标准、重要管材（例如 PCCP 管、塑料管）的设计、施工验收标准以及给排水管道检测和修复标准等。

1. 给水管道方面的行业标准

（1）《城镇供水管网运行、维护及安全技术规程》（CJJ 207—2013）；

（2）《城镇供水管网抢修技术规程》（CJJ/T 226—2014）；

（3）《城镇供水管网漏损控制及评定标准》（CJJ 92—2016）；

（4）《埋地塑料给水管道工程技术规程》（CJJ 101—2016）；

（5）《城镇给水预应力钢筒混凝土管道工程技术规程》（CJJ 224—2014）；

（6）《城镇给水管道非开挖修复更新工程技术规程》（CJJ/T 244—2016）；

（7）《城镇供水管网漏水探测技术规程》（CJJ 159—2011）。

2. 排水管道方面的行业标准

（1）《城镇排水管道维护安全技术规程》（CJJ 6—2009）；

（2）《城镇排水管渠与泵站运行、维护技术规程》（CJJ 68—2016）；

（3）《埋地塑料排水管道工程技术规程》（CJJ 143—2010）；

（4）《城镇排水管道检测与评估技术规程》（CJJ 181—2012）；

（5）《城镇排水管道非开挖修复更新工程技术规程》（CJJ/T 210—2014）；

（6）《排水工程混凝土模块砌体结构技术规程》（CJJ/T 230—2015）；

（7）《城市排水防涝设施数据采集与维护技术规范》（GB/T 51187—2016）。

3. 给水排水管道共用的标准

（1）《室外给水排水和煤气热力工程抗震设计规范》（GB 50032—2003）；

（2）城镇地下管道震损检测与修复技术规程（报批中）；

（3）城镇地下管网抗震鉴定与改造技术规程（报批中）；

（4）地下管线检测与可靠性鉴定标准（报批中）。

4. 地方标准

地方标准由各个省级行政区相关管理部门制定，通过检索各省、直辖市、自治区（不含港澳台地区）质量技术监督局的地方规范数据库，共对 31 个省级行政区域内实施的涉及城镇给排水管道工程建设标准进行了汇总，一共有 39 部。其中，共有 11 个省级行政区域制定了相关的标准和技术规程，内容涵盖了管材、管道附件、施工、检测与监测、维护、信息化建设等方面。

1）北京市

（1）《地下管线现状及竣工数据汇交标准》（DB11/T 1451—2017）；

（2）《地下管线数据库建设标准》（DB11/T 1452—2017）；

（3）《地下管线信息管理技术规程》（DB11/T 1453—2017）；

（4）《地下管线非开挖铺设工程施工及验收技术规程 第 1 部分：水平定向钻施工》（DB11/T 594.1—2017）；

（5）《地下管线非开挖铺设工程施工及验收技术规程 第 2 部分：顶管施工》（DB11/T 594.2—2014）；

（6）《地下管线非开挖铺设工程施工及验收技术规程 第 3 部分：夯管施工》（DB11/T 594.3—2013）；

（7）《地下管线周边土体病害评估防治规范》（DB11/T 1347—2016）；

（8）《城镇排水管道维护技术规程》（DB11/T 1593—2018）；

（9）《城镇排水管道检查技术规程》（DB11/T 1594—2018）；

（10）《城镇排水管道结构等级评定》（DB11/T 1492—2017）；

（11）《排水管道功能等级评定》（DB11/T 1277—2015）；

（12）《排水管（渠）工程施工质量检验标准》（DB11/ 1071—2014）；

（13）《住宅区及住宅管线综合设计标准》（DB11/ 1339—2016）；

（14）《地下管线探测技术规程》（DB11/T 316—2015）。

2）天津市

（1）《城镇排水管理服务规范》（DB12/T 620—2016）；

（2）《城市再生水供水服务管理规范》（DB12T 470—2012）。

3）河北省

（1）《球墨铸铁管和管件 水泥砂浆内衬密封层通用技术条件》（DB13/T 1601—2012）；

（2）《球墨铸铁管件和附件 环氧粉末涂层通用技术条件》（DB13/T 1600—2012）；

（3）《埋地高强度聚氯乙烯（PVS-S）给水管道工程技术规程》（DB13/T 2164—2014）；

（4）《给水用高强度聚氯乙烯（PVC-S）管材》（DB13/T 2163—2014）；

（5）《大口径聚乙烯（PE）给水管道工程技术规程》（DB13/T 2162—2014）。

4）辽宁省

《管道直饮水供水系统卫生规范》（DB21/T 1726—2009）。

5）黑龙江省

（1）《季节性冻土中铺设给水管道设计规程》（DB23/T 495—1998）；

（2）《埋地塑料排水管道工程技术规程》（DB23/T 847—2016）；

（3）《黑龙江省建设工程施工操作技术规程 市政给排水管道工程》（DB23/T 1621.7—2015）。

6）上海市

（1）《城镇供水管道水力冲洗技术规范》（DB31/T 926—2015）；

（2）《排水管道电视和声纳检测评估技术规程》（DB31/T 444—2009）。

7）安徽省

（1）《给水排水工程顶管技术规程》（DB34/T 1789—2012）；

（2）《给、排水用球墨铸铁管配件》（DB34/T 1440—2011）；

（3）《地下管线探测与数据标准》（DB34/T 5042—2016）。

8）湖南省

《预应力混凝土输水管（逊他布制管工艺）》（DB/4300 Q141—1988）。

9）广东省

（1）《无机高性能纤维复合材料排水管》（DB44/T 1878—2016）；

（2）《城镇公共排水管道非开挖修复技术规程》（DB44/T 1026—2012）；

(3)《城镇公共排水管道检测与评估技术规程》(DB44/T 1025—2012)。

10) 重庆市

(1)《地下管线探测技术规范》(DB50/T 771—2017);

(2)《地下管线信息系统技术规范》(DB50/T 849—2018);

(3)《埋地塑钢管复合缠绕排水管管道工程技术规程》(DB50/T 342—2009);

(4)《城镇给水排水构筑物及管道工程施工质量验收规范》(DBJ50/—108—2010)。

11) 贵州省

《城镇埋地钢质水管检测规范》(DB52/T 1409—2019)。

9.1.4 第四层次:团体标准

按照国务院深化标准改革方案,在基本建立国家强制性标准体系和构建协调配套的行业和地方推荐性标准体系的基础上,发展壮大团体标准。通过扩大团体标准试点,逐步形成一批有知名度和影响力的团体标准制定机构。鼓励社会团体发挥对市场需求反应快速的优势,制定一批满足市场和创新需要的团体标准,优化标准供给结构,促进新技术、新产业、新业态快速成长。目前与城镇给排水管网相关的社会团体很多,正在陆续制定一系列团体标准。

涉及给排水管道的团体标准中,中国工程建设标准化协会制定了较多相关规范,该协会制定的规范内容涵盖了给排水管道的管材、管道附件、设计、施工、验收等内容,如下所列。

(1)《给水排水管道原位固化法修复工程技术规程》(T/CECS 559:2018);

(2)《给水排水工程埋地承插式柔性接口钢管管道技术规程》(T/CECS 492:2017);

(3)《埋地排水用螺纹钢管管道工程技术规程》(T/CECS 491:2017);

(4)《旋流加强(CHT)型特殊单立管排水系统技术规程》(CECS 271:2013);

(5)《AD型特殊单立管排水系统技术规程》(CECS 232:2007);

(6)《漩流降噪特殊单立管排水系统技术规程》(CECS 287:

2011)；

(7)《苏维托单立管排水系统技术规程》(CECS 275：2010)；

(8)《给水排水丙烯腈-丁二烯-苯乙烯(ABS) 管管道工程技术规程》(CECS 270：2010)；

(9)《聚乙烯塑钢缠绕排水管管道工程技术规程》(CECS 248：2008)；

(10)《给水排水工程顶管技术规程》(CECS 246：2008)；

(11)《给水钢塑复合压力管管道工程技术规程》(CECS 237：2008)；

(12)《自承式给水钢管跨越结构设计规程》(CECS 214：2006)；

(13)《城镇供水长距离输水管(渠) 道工程技术规程》(CECS 193：2005)；

(14)《给水排水工程埋地玻璃纤维增强塑料夹砂管管道结构设计规程》(CECS 190：2005)；

(15)《给水钢丝网骨架塑料(聚乙烯) 复合管管道工程技术规程》(CECS 181：2005)；

(16)《给水排水工程埋地预制混凝土圆形管管道结构设计规程》(CECS 143：2002)；

(17)《集合管型特殊单立管排水系统技术规程》(CECS 327：2012)；

(18)《特殊单立管排水系统技术规程》(CECS 79：2011)；

(19)《给水排水工程埋地预应力混凝土管和预应力钢筒混凝土管管道结构设计规程》(CECS 140：2011)；

(20)《胶圈电熔双密封聚乙烯复合供水管道工程技术规程》(CECS 395：2015)；

(21)《埋地硬聚氯乙烯给水管道工程技术规程》(CECS 17：2000)；

(22)《给水内衬不锈钢复合钢管管道工程技术规程》(CECS 205：2006)；

(23)《埋地聚乙烯钢肋复合缠绕排水管管道工程技术规程》(CECS 210：2006)；

(24)《管网叠压供水技术规程》(CECS 221：2007)；

(25)《埋地给水排水玻璃纤维增强热固性树脂夹砂管管道工程施工及验收规程》(CECS 129：2001)；

（26）《给水排水工程埋地钢管管道结构设计规程》（CECS 141：2002）；

（27）《给水排水工程埋地铸铁管管道结构设计规程》（CECS 142：2002）；

（28）《给水排水工程埋地矩形管管道结构设计规程》（CECS 145：2002）；

（29）《矩形钢管混凝土结构技术规程》（CECS 159：2004）；

（30）《埋地聚乙烯排水管管道工程技术规程》（CECS 164：2004）；

（31）《混凝土排水管道工程闭气检验标准》（CECS 19：1990）；

（32）《室外硬聚氯乙烯给水管道工程施工及验收规程》（CECS 18：2000）；

（33）《埋地排水用钢带增强聚乙烯螺旋波纹管管道工程技术规程》（CECS 223：2007）。

9.2 重点标准简介

1.《室外给水工程项目规范》（以下简称《规范》）

在该《规范》中，涉及地下管道的内容集中在第七章供水管网。分别对于供水管网的一般规定、输配水管道和附属设施给出了相应的强制性要求。

其中，一般性规定对于管道布置规划原则、供水管网严禁混接、施工中防止破坏管材等以免污染、运行前水质检验、压力流量测试点布置原则、分区计量管理模型的采用、运行中水质检验等事项做出了规定。

对于具体的输配水管道设计要求，该《规范》对于日常即消防用水情况下的供水压力、事故用水量最小值、管网基本漏损率、原水管道冗余设计原则、长输管道设计原则、配水干管环状设计、管道安全防护距离、埋深设置原则、河底管道流速、防冻措施的采用、防腐保护措施要求、配水管道穿越重要设施及特殊地形时要求等做出了规定。对于供水管网的附属设施，该《规范》对阀门的设置、防冻及防止二次污染、相应警示安全措施的设置以及作业人员安全保护做出了要求。

2.《室外排水工程项目规范》（以下简称《排水规范》）

《排水规范》中涉及地下管道的内容集中在第四章排水管渠，分别对排水管渠的功能性要求和技术措施给出了相应的强制性要求。

（1）功能性要求。对排水管渠的设计流量、排水泵站功能、入管污水以及防止外来水进入污水管这四方面做了要求：按照远期规划的旱季流量对管道进行设计，并对雨季情况进行复核；排水泵站需要有效的提升、排除雨水和污水；入管污水水质需达标；避免外来水进入污水管渠。

（2）技术措施。《排水规范》要求污水收集输送严禁采用明渠；对于重力流排水管严禁上跨障碍物；对检查井的功能和力学性能做了要求；可能产生引发爆炸、火灾的气体的污水管道需进行水封；对泵站的布置、工作范围、备用泵的设置和集水池都做了要求；对下穿式立交道路要求优先设置独立的排水系统。

3.《市政管道通用规范》（以下简称《管道规范》）

在《管道规范》中，从总则、基本规定、材料要求、测量与勘察、管道设计、施工与验收、评估与修复等七方面对市政管道提出了要求，各部分主要内容介绍如下。

（1）“总则”主要对该规范的目的、适用范围以及与其他规范关系等做出了说明。

（2）“基本规定”从目标功能要求和基本要求两方面做出了规定。目标功能要求对市政管道的目标要求、需要满足的功能做出了规定。基本要求对市政管道工程的建设程序、建设原则、设计使用年限、设计要求、工程措施安全性等进行了规定。

（3）“材料要求”分别对于管道材料和附属结构所采用的材料的性能做出了规定，并要求符合相应国家标准规定的要求。

（4）“测量与勘察”介绍了管道工程测量和工程勘察。工程测量主要对测量成果内容、精度、复查原则和办法、开挖验证方法与要求、安全措施等进行了规定。工程勘察主要对地质勘察等级和内容做出了规定。

（5）“管道设计”从结构作用及作用组合、管道结构设计和耐久性设计等三方面对管道设计做出了规定：①结构作用及作用组合对结构作用内容、地下水压水位确定、非开槽铺设管道竖向土压力计算、地震作用计算、承载力极限状态设计组合、正常使用极限状态设计组合及架空自承重曲线型管 $P-\Delta$ 效应作出了规定。②管道结构设计对埋地刚柔性管验算内容、强度验算原则、埋地管的抗浮验算、埋地管的环向稳定性、埋地管的整体抗滑移稳定性、抗震设计目标、截面竖向变形、钢筋混凝土管裂缝宽度、管道接口最大变形、钢管腐蚀构造厚度、最小埋深确定原则、穿过基础原则、非压力管道穿越障碍物等进行了要求。③耐久性设计对管道耐久性设计原则及目标、钢筋混凝土结构保护层厚度、黏土砖砌体使用范围、附属结构混凝土材料要求、附属结构砖石砌体材料要求做出了具体规定。

(6)“施工与验收”在一般规定中提出了一般性的总体要求，包括施工的技术要求、安全管理、脚手架工程所需要参照的具体规范、一般管道与聚乙烯管道整体连接具体要求、承插式连接具体要求、材料与配件检验与验收、人员资质、竣工后检验与试验内容、运行前清洁与消毒以及压力管道试验要求。同时，还对开槽敷设管道、非开槽敷设管道、架空敷设管道的施工要求进行了介绍。最后管道工程验收这一节对于整体验收要求和钢管外防腐层验收要求进行了介绍。

(7)“评估与修复”介绍了管道评估的相应规定，具体包括管道评估的责任人、普查周期、需要进行安全评估的情况、管道外防腐层检测以及评估不通过的处理等。管道修复介绍了修复所需参照的规范、修复与改造总体要求以及对于燃气管道的特别要求。最后，本章对于设计管道工程中主要管道及附属工程的废除与迁移做出了规定。

4.《室外排水设计规范》(GB 50014)

住房和城乡建设部等部门要根据近年来我国气候变化情况，及时研究修订《室外排水设计规范》(GB 50014)等标准规定，于2013年、2015年、2017年三次启动了《室外排水设计规范》(GB 50014)修订工作。

几次修订管渠部分的主要变化如下：

(1)提高了我国关于雨水管渠设计重现期；

(2)增加了内涝防治标准；

(3)修改了降雨历时计算公式，取消了折减系数；

(4)根据取消化粪池的规定，适当调高了排水管道的最小坡度；

(5)根据调研，删除了不再使用的陶土管，更新了水泥砂浆内衬的球墨铸铁管的粗糙系数；

(6)删除了实际使用中难以控制流量的截流井计算公式，补充了截流井流量控制设施的要求；

(7)为了推进排水管道入廊，补充了雨水管道和污水管道进入管廊的设计要求和管材选择要求等。

5.《**室外给水设计标准**》(GB 50013—2018)

为满足室外给水工程安全可靠、技术先进、经济合理、管理方便的总体要求，统一工程建设标准，提高工程设计质量，满足用户对水量、水质、水压的要求，2015 年全面启动修订《室外给水设计规范》的工作。重点修改内容如下所列：

(1) 明确长距离输水管道进行瞬态水力过渡过程分析计算等原则；

(2) 规定了单管(渠) 输水系统设置事故调蓄水池的要求。

6.《**给水排水工程管道结构设计规范**》(GB 50332—2002)

该标准是我国城镇市政给水排水行业工程设计中，管道工程结构专业的一部国家通用标准，实施至今已近 17 年，2014 年全面启动修订工作，目前，已经完成送审稿的审查正在报批中。此次修订主要有以下变化：

(1) 内容编排的调整；

(2) 补充规定城镇市政给水排水工程管道结构设计使用年限；

(3) 管道结构设计方法按结构设计模式分类；

(4) 建立塑料材料以初始效应为基础的管道结构设计方法；

(5) 补充自承式管道敷设的结构设计方法；

(6) 进一步强调管道纵向荷载效应在结构设计中的重要性；

(7) 将管道结构计算模型的确定纳入规范正文。

7.《**给水排水管道工程施工及验收规范**》(GB 50268—2008)

该标准是城镇给排水管道工程施工及质量验收的通用标准，包括了所有的给排水管道工程。随着管道工程的发展和出现的新问题，原标准已经不能满足实际工程建设的需要。2014 年，启动该标准全面修订工作，目前该标准已经通过审查，正在报批中。此次修订主要有以下变化：

(1) 修订工程质量验收程序、组织和质量合格判定标准等内容：增加专项验收规定；

(2) 修订有关施工工艺和验收的规定与标准；

(3) 增加非开挖修复的施工方法及验收标准；

(4) 增加再生水管道相应标准；

(5) 增加钢管及附属构筑物防腐的施工工艺及验收标准。

8.《**城镇供水管网运行、维护及安全技术规程**》(CJJ 207—2013)

城镇供水管网是城镇供水系统的重要组成部分，也是保障安全供水的重要环节。该规程的制定将使供水企业在管网管理和安全运行方面能按照标准要求合理配置各项资源，规范管网运行和各项相关工作，使水厂出来的合格水能够通过供水管网安全、可靠、有效地输送到用户，全面保障供水安全。

标准制定中几个重要问题的确定如下：

（1）为了保障饮用水水质安全，该标准在管网并网环节提出了严格要求；

（2）明确了水质监测和管理的要求和原则；

（3）对管网服务压力如何确定进行了广泛地征求意见和讨论，最后条款规定为：城镇供水管网的服务压力，应根据当地实际情况，通过技术经济分析论证后确定。城镇地形变化较大时，服务压力可划区域核定；

（4）对管道漏水和爆管修复时间提出了要求。

9.《城镇供水管网漏损控制及评定标准》（CJJ 92—2016）

我国城镇供水管网漏损率非常严重，大部分城市在 20%～30% 甚至更高。加强城镇供水管网漏损率的控制对于节约用水，保护水资源具有重大意义。因此，2013 年启动了对 2002 版标准的全面修订工作。

此次修订主要修改如下：

（1）将该标准名称“城市”修改为“城镇”，使得覆盖范围更加全面；

（2）将漏损水量分解为漏失水量、计量损失水量和其他损失水量，进一步指导供水单位对漏损水量构成进行科学分解，从而有针对性地开展管网漏损控制；

（3）取消了管网漏水检测方法这一章，以免与现有规范重复；

（4）在总结近年来国内外漏损控制技术发展和管理实践的基础上，重点对漏损控制的技术和管理手段进行了补充完善；

（5）将管网基本漏损率分为两级：一级为不大于 10%，二级为不大于 12%；

（6）重新推导了居民抄表到户水量和单位供水量管长两项影响因素的修正公式，并且增加了最大冻土深度的修正值。

10.《城镇排水管渠与泵站运行、维护技术规程》（CJJ 68—2016）

为了加强排水系统的养护工作，2013 年启动了该《技术规程》2007 版的修订工作。本次修订结合城市排水、防治内涝要求以及新技术新设备的发展情况，加强对排水管渠和泵站日常运行维护技术管理要求，保障设施处于良好状态，发挥设施的排水能力。

本次修订后该《技术规程》主要变化如下：

（1）对适用范围进行了修改，增加了工矿企业、事业单位和住宅小区排水管道及附属设施的运行和维护；

（2）对术语进行了修改，将管渠与泵站两节合并；

（3）增加了管渠评估和纳管管理内容；

（4）增加了关于窨井防坠防盗设施及建筑工地泥浆水排放的强制性条文；

（5）增加了泵站操作管理和安全管理两节，将原有关于电气设备跳闸的非强制性条文调整为强制性条文；

（6）新增调蓄池运行维护内容；

（7）新增运行调度内容；

（8）新增排水防涝内容，新增关于排水防涝工作制度的强制性条文；

（9）调整档案与信息化管理，单独设一章。

11.《城镇排水管道维护安全技术规程》(CJJ 6—2009)

排水管道维修养护工作每年都发生人身伤亡事故，一次甚至可能死伤多人，必须引起足够重视。该《安全技术规程》主要是为了保障排水管道维修养护人员作业安全而制定的。2009 年，对 1985 年版进行全面修订。

通过修订,《安全技术规程》主要变化如下：

（1）删除原《安全技术规程》第二章“地面作业”，相关内容调整至第四章“维护作业”中，并增加了“开启与关闭井盖”“清淘作业”等环节的内容；

（2）原《安全技术规程》第三章“井下作业”调整为第五章，将原“降水和通风”内容中的“降水”部分调整至第一节，将“通风”内容单独调整为一节；

（3）删除原《安全技术规程》第四章“防毒和防护用具”，相关内容调整至第六章“防护设备与用品”中；

（4）删除原《安全技术规程》第五章“附则”，相关内容调整至第七章，并增加了“事故应急救援”等内容。

9.3 问题和对策

经过近 30 年的工作，城镇给排水管道工程建设标准从无到有，目前已经覆盖了给排水管道的工程设计、施工验收、质量检验、运行维护和管理、检测修复的所有环节，基本满足了对城镇给排水管道工程建设和使用的需求。但是也存在一些问题应在今后工作中不断完善和解决。

（1）城镇给排水管道还包括一大批产品标准，仅仅涉及管材和管件的标准多达数百种之多，由于目前产品标准多头管理，不成体系，造成产品标准杂乱，严重影响对产品质量控制。特别是塑料管道产品质量问题较多，一个企业的一种工艺就制定一个标准，形成技术壁垒，影响产业技术进步。许多管道产品忽视质量控制在低成本、低价格层面竞争徘徊，与城市建设高品质发展的要求背道而驰，至今这些问题没有得到有效遏制。

（2）我国标准化工作面临改革任务，按照国务院深化标准化改革工作要求，城镇给排水管道标准体系和层级还需要不断完善和整合，要进一步确定强制性标准和推荐性标准的范围，提高标准质量，保持标准的先进性、实用性和可操作性。在标准体系上，进一步确定强制性标准的要求，将强制性国家标准严格限定在保障人身健康和生命财产安全、国家安全、生态环境安全和满足社会经济管理基本要求的范围之内。优化推荐性国家标准、行业标准、地方标准体系结构，推动向政府职责范围内的公益类标准过渡，逐步缩减现有推荐性标准的数量和规模。在标准范围上，合理界定各层级、各领域推荐性标准的制定范围，推荐性国家标准重点制定基础通用、与强制性国家标准配套的标准；推荐性行业标准重点制定本行业领域的重要产品、工程技术、服务和行业管理标准；推荐性地方标准可制定满足地方自然条件、民族风俗习惯的特殊技术要求。

（3）逐步培育发展团体标准。在完善国家、行业和地方标准制定内容和范围基础上，鼓励具备相应能力的社会组织协调相关市场主体共同制定满足市场和创新需要的城镇给排水管道标准，供市场自愿选用，增加标准的有效供给。

（4）今后一段时间，城镇给排水管道应结合城市内涝防治、海绵城市建设、黑臭水体治理、雨污分流改造、污水处理提质增效、供水管网漏损控制、节约用水等城市水环境综合治理的中心工作进行梳理，组织制定和修订相关标准，以满足和保障工程建设的需求。

10 科技与实践

10.1 管线病害检测和诊断新技术

10.1.1 技术现状

管线病害检测和诊断技术包含无损检测(NDT)技术、模型分析技术等。

管线病害无损检测(NDT)技术包括对裂缝、腐蚀坑以及破损漏洞的直接观察，也包括能够识别以上管线病害的技术，如图 10-1 所示①。

图 10-1　管线病害无损检测技术

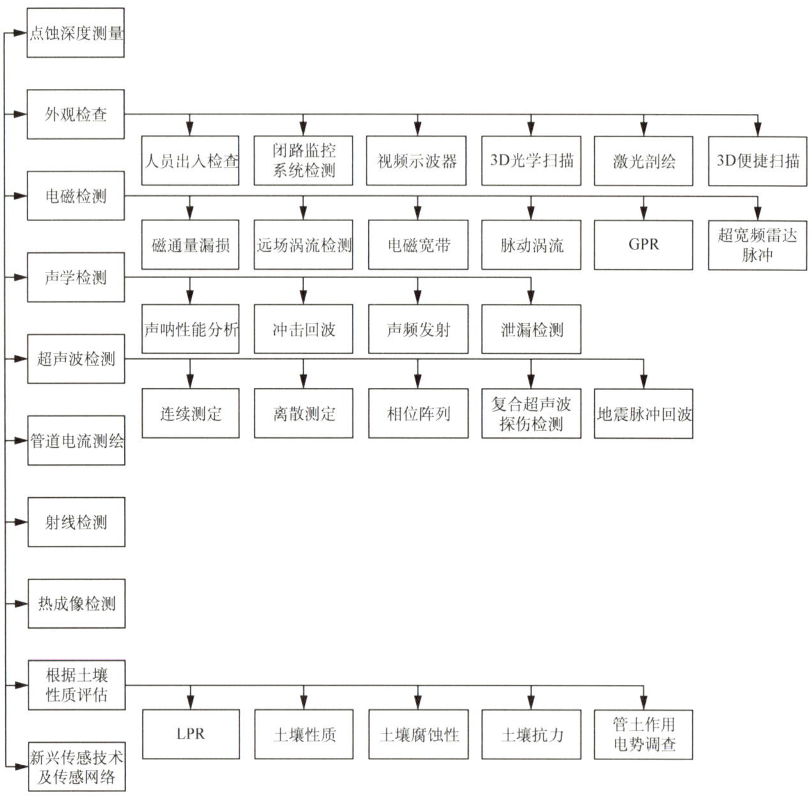

① 图片来源：Environment Protection Agency, United State. EPA/600/R-12/017, Condition assessment technologies for water transmission and distribution systems, March 2012.

1. **点蚀深度测量**

点蚀深度测量可以利用针尖测微器或者针尖深度计进行测量。还有超声栅极测量、自动化超声扫描、激光测距等方法。点蚀深度测量可以应用于现场管道暴露在外的部分（外部腐蚀）或者实验室中的管道样品（外部或者内部腐蚀）。点蚀深度测量之前，管道样品要采取喷砂的方式去除腐蚀产物。在一般调查中或者管道暴露在外（例如正在进行破损修复）时，点蚀深度测量能够系统的应用。

2. **外观检查**

管道内表面的状态能够通过外观检查来进行评估。该检查可通过人员出入和外观检查，或者可以使用各种外观检查仪器来增强人的视觉，包含 CCTV 闭路监控系统检测、视频示波器、3D 光学扫描、管道表面激光剖绘、3D 便捷扫描等。

3. **电磁检测**

管道结构或周边土体的状态可以通过电磁法进行检测和诊断，常用的电磁检测技术包含磁通量漏损、远场涡流检测、电磁宽带、脉动涡流系统、探地雷达、超宽频脉冲雷达系统（循序扫描）等。

4. **结构状态声学检测**

通过设备产生声波，通过管道反射声波特征分析对管道结构状态进行检测。常用的检测技术包含声呐性能分析、冲击回波和声频发射技术。

5. **渗漏损伤声学检测技术**

主要是通过识别管线漏损后有压液体泄漏时产生的声波信号进行检测。由于管道内外存在压力差，管中液体在破损口处泄漏出来，形成了多相湍射流。这一射流不但使管内流体的正常流动发生紊乱，而且在与管壁的相互作用下，在管壁上形成了泄漏声波。另外，液体喷出管道时与空气、泥沙和基础等摩擦也会产生声音信号。该技术依据不同设备采集的位置信号进行检测。主要包含地面检测、贴壁式检测和管内检测等。该检测技术目前是供水管线漏损检测中的一种主要发展技术和应用方向。

6. **超声波检测**

超声波检测（UT）是通过发生高频声音信号到被检测对象中，然后分析接收到的回波来实现的。超声波检测已经广泛用于锻件、铸件以及管道的厚度测量、腐蚀监测、分层检查和探伤。主要包含导波超声检测、离散超声测量、相位阵列技术和复合 UT 检测等技术。

7. **地震脉冲回波**

地震脉冲同波技术利用金属球体的冲击力来生成超声波压缩、剪切和管壁表面波。波速和厚度共振值可以用于确定管道的状态。传感器列阵用于拾取反应信号，可以进行多种测量，包括压缩和剪切波速以及共振频率。该系统通常有一种能源、一系列传感器、信号调节器、模拟到数字的转换器以及一台电脑组成。

8. **管道电流测绘**

管道电流测绘(PCM）是一种定位阴极保护管道泄漏电流的技术。这些泄漏通常对应于与其他金属结构的连接导致的涂层故障、不足等现象。该技术能用于任何金属结构，包括通常使用外部涂层保护的敏感埋地管道，目前主要用于石油和天然气管线，少量用于供水管线。

9. **射线检测**

射线检测利用一个辐射源，X 射线或者 γ 射线，射线穿透材料产生图像，通过图像分析管道缺陷。由于使用条件苛刻，该技术目前在供水和排水在线检测中应用较少。

10. **热成像检测**

红外热成像方法是利用红外热成像技术来完成管线破损检测，其原理是当水从地下管道破损口泄漏时，会改变邻近泥土的热特性，如使得邻近泥土比周围的干土散热更快，用红外扫描仪检测管道的热反常就可检测出管道破损。

11. **气体追踪法**

气体追踪法是将无毒、不溶于水且轻于空气的气体(如氦或氢)注入供水管道的一段隔离部分，当有管线存在破损泄漏时，气体从泄漏口溢出。由于该气体轻于空气，可通过泥土和路面渗出地表。再用高灵敏的气体检测仪直接扫描管道上面的地表就能确定管线破损的位置。

12. **根据土壤性质推断管道状态**

该方法通过对管线周边土壤的性质来间接推断管道的状态，常用的有土壤线性极化电阻、土壤性质和管土作用电势调查等。

通过对以上无损检测技术的分析，表 10-1 给出了以上技术不同管材管道的适用性总结。

表 10-1 不同管材检测技术适用性分析①

技术	金属管道			混凝土管道		聚乙烯管道		
	CI	DI	WS	CPP/PCPP	AC	GRP	PVC/uPVC	PE
点蚀深度测量	√			—		—		
外观检查	√			√		?		
电磁探伤	√			√		—		
声学检测	√			√		√		
超声波探伤	√[a]			—		?		
管道水流测绘	√			—		—		
射线检测	√			—		—		
热成像检测	√			—		—		
根据土壤性质推断管道状态	√			?		?		

注 a：由于铸铁管的晶粒结构较大，所以超声波探伤的方法对于铸铁管而言有些不准确。
√：合用的。
?：可能可以/不可以适用。
CI—铸铁；DI—球墨铸铁；WS—焊接钢；CPP/PCCP—预应力混凝土圆管；
AC—石棉水泥；GRP—玻璃纤维增强塑料；PVC/uPVC—聚氯乙烯/硬质聚氯乙烯；
PE—聚乙烯。

13. 其他方法

除了以上针对管道状态的无损检测技术，还可以通过测量管线压力、流量等信息，通过模型及软件来分析管线的泄漏状态，主要方法包括：

（1）瞬时液压法：通过瞬态测量跟踪提取泄漏的信息，包括泄漏反射法、逆瞬态分析、脉冲响应分析、瞬变阻尼法和频域响应分析。

（2）体积平衡法：利用进入管道的流体的量应等于流出来的量进行泄漏分析。

（3）压力点分析：通过监测泄漏引起的压降来实现。

（4）负压波法：基于监测泄漏引起的压力波的压力进行分析，从波到达的时间和波速确定泄漏的位置。

（5）地区仪表分区（DMA 分区计量），流量和压力传感器放置在地区仪表分区的边界，分析所收集的数据得到泄漏状态和趋势。

10.1.2 供水管道漏损声学检测技术

当供水管道水体喷出管道时与空气、泥沙和石子等发生摩擦振动产

① 内容来源：Environment Protection Agency, United State. EPA/600/R-12/017, Condition assessment technologies for water transmission and distribution systems, March 2012.

生声音信号。此信号可以沿着管道传播、管内水体传播和管外地层传播，通过在不同位置对信号进行拾取与分析，从而实现漏损检测与漏点定位，如图 10-2 所示。

图 10-2　管道泄漏声学传播原理

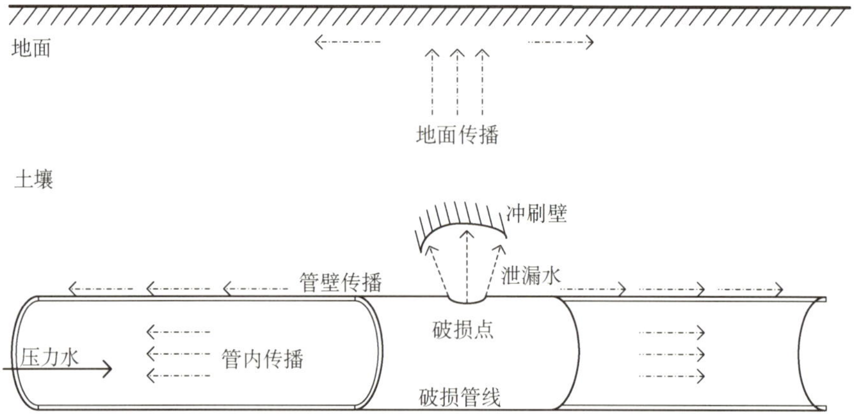

1. 地面检测技术

地面检测主要是听音技术，听音装置包括听音棒和地面麦克风，主要包含机械式和电子式听音设备，如图 10-3 所示。现代的电子听音设备结合了信号放大器和噪声滤波器，使破损泄漏信号更加突出。通过听音棒在适当的管道部件或地面上听取由于管线破损产生的特有的声波，判断管线的泄漏状态。地面检测是目前国内水务公司主要采用的漏损检测技术，然而，听音检测的有效性受到了泄漏的大小、背景噪声强弱和距离的远近等因素的影响，依赖听漏人员的经验，且整个检测过程非常耗时，检测效率较低。

图 10-3　供水管线地面听音图

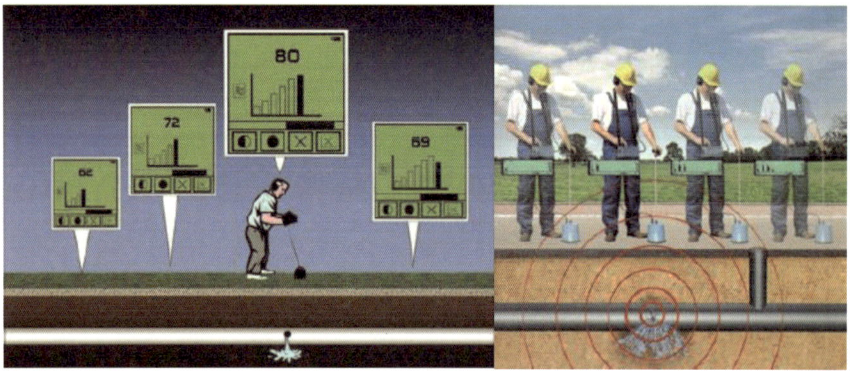

2. 贴壁式检测技术

贴壁式检测技术将声学传感器吸附在管壁上直接进行泄漏声音采集，如图 10-4 所示。利用在管壁上采集泄漏声波的主要有噪声记录仪、听漏棒、相关仪和水听器等设备。噪声记录仪可以固定吸附在管壁上，在管线各测点位置处进行定期检测或永久性监测，可以远程接收、分析记录仪采集的声音数据。由于贴壁式传感器采集范围受到管材、管径、接头类型和周边环境影响，最大使用范围在 100~500 m，在此基础上发展了水听器，由于供水管道中的水有较好的传输声音信号能力，通过水听器获取泄漏声波最大使用范围可扩展至 500~2 000 m。水听器通常可以安装在消防栓、排气阀上，或者直接安装在管道上。具体安装位置和使用范围需要结合被检查管道及环境特征综合分析及测试确定。

图 10-4　贴壁式声学检测仪器

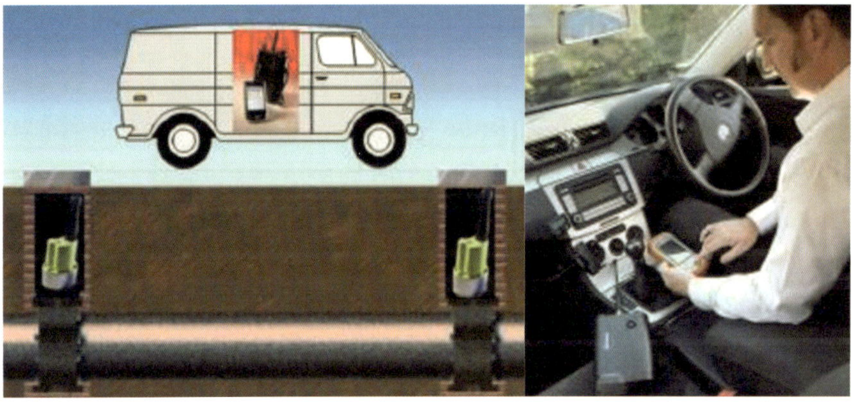

供水管道漏损定位可以采用相关法，其原理为通过把声学传感器放在管道漏损位置的两端，传感器采集漏损声波传播到两端传感器的时间差，从而确定漏损点的位置。

3. 管内检测技术

管内检测技术是通过检测设备直接投入运行中的管道，采集管道沿线的异常声波信号并定位泄漏和滞留气囊，依据不同的动力驱动包含自由行进式和系缆式管内泄漏检测技术。

1）自由行进式检测技术

检测设备可直接投入运行中的管道，由水流推动向前在管底自由滚动，其间可采集沿线的异常声波信号并定位泄漏和滞留气囊。这种检测技术不受管材限制，适用于管径 DN300 以上的管道，能够探测出 0.1 L/min 的微小漏点。

图 10-5 智能球铝制核心、泡沫球套和追踪装置(SBR)

检测设备由水密性铝合金球芯和泡沫球套两部分组成。水密性铝合金球芯内部含有电池组、电子元件和仪器仪表。检测时将泡沫球套在铝合金球芯上，从而为球芯提供了更大的受力面积，减低整个球体的密度，为设备在管道内随水流滚动提供必要条件，同时还能避免因合金球体在滚动时直接与管壁接触而产生低频噪声，如图 10-5 所示。

可通过 DN100 或 DN150 的阀门经投球装置投入压力运营中的压力管道，球体受水流推动向下游滚动。为了实时跟踪检测设备在管线内的行进进度以及在分析数据时对漏点位置进行准确定位，检测前需要在管件上安装追踪装置，检测过程中检测设备发出超声波信号并被追踪装置所接收，在连接声波传感器的电脑屏幕上可以看到设备距离当前追踪装置位置的距离。目前定位精度为两个传感器间距的 0.5%，若两个传感器距离为 1 km，则定位精度为±2.5 m。在行进过程中，设备经过泄漏点或气囊，将这些部位的异常声信号采集下来。当到达检测终点后使用带摄像头的回收网插入管道捕捉检测设备。将收集的信息导出，经过软件分析并结合实际管线情况再由人工排查，最终确定气囊的位置和长度以及漏点的位置并估计漏量大小。

某水司于 2019 年 3 月采用这一技术对一段 DN600 的 PE 管进行了检测，检测长度 7.594 km，目的在于查找并定位管道泄漏及管内的滞留气囊。管线检测起点选取一处过河管，作为设备投放点，由于管线上没有收球的阀门，于是选取了水厂水表井作为设备回收点。本次检测共在 9 处安装了 SBR，其中有 4 处在暴露管上，5 处在阀井内。于10:42 投入管道后，经过 3 小时 32 分钟，于 14:14 进入回收水表井。该次检测共检测到 2 个泄漏点和 2 处气囊。图 10-6 为 1#泄漏点的频谱图，该漏点位于 SBR4 上游 11 m 处，为中等泄漏点。水司在检测结束后 1 个月内对该漏点进行了开挖验证，发现异常信号由一漏水三通造成，如图 10-7 所示。

图 10-6　1# 泄漏点频谱图

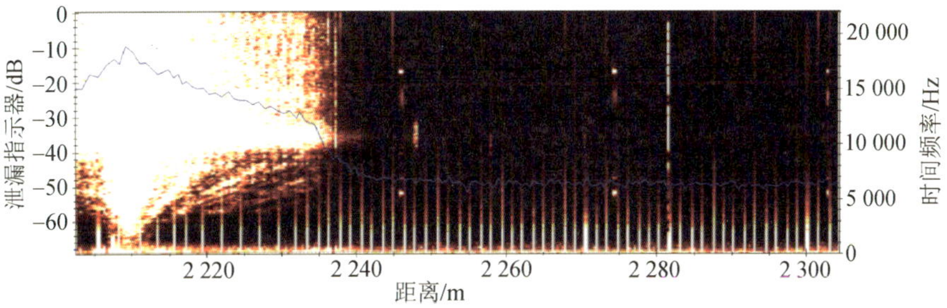

图 10-7　1# 泄漏点为三通漏水

图 10-8 为 2#泄漏点的频谱图，该漏点位于 SBR7 下游 0.6 m，为小漏点。水司后经现场勘察，发现异常声信号是由旁边漏水的排气阀造成，如图 10-9 所示。

图 10-8　2# 泄漏点频谱图

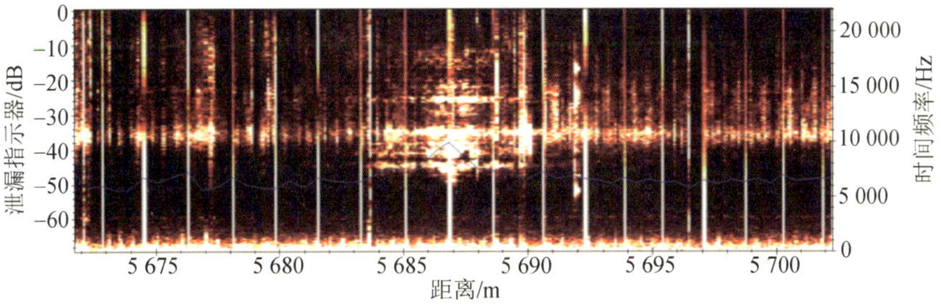

2）系缆式管内泄漏检测及视频检查技术

图 10-9　2# 泄漏点为排气阀漏水

该技术通过监听带压管道中的声音活动发现漏点和气囊，通过闭路电视发现潜在的管道结构缺陷，可用于检测管径 300 mm 以上的各种类型和材质的管线。检测系统包含以下组成部分：传感器(包括声学和视频元件以及 LED 照明装置)、传感器定位仪、用于将传感器插入运营中管道的插入组件、光缆卷筒、用于音频/视频处理的控制台。典型的检测系统配置如图 10-10 所示。

图 10-10　系统总体配置图

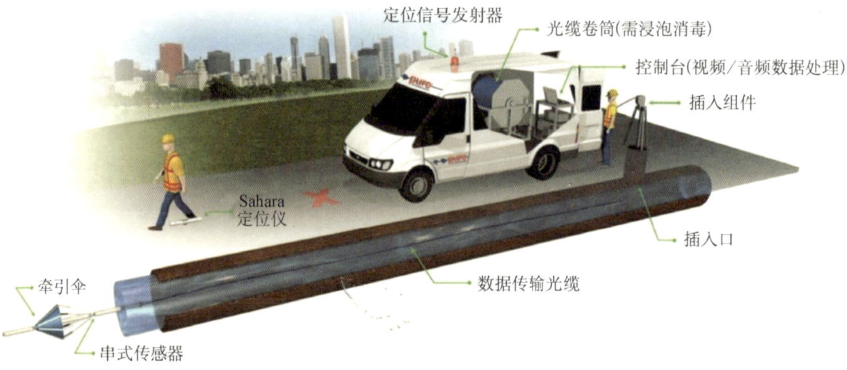

检测传感器经由插入组件进入运行中的管道，插入口直径不小于 100 mm。传感器通过光缆与地面上的光缆卷筒连接，进入管道后，牵引伞在水流的推动下，带动传感器前进。单次插入的检测距离最大可达 1.5 km(单次插入的实际检测距离受管材、管内流速以及检测管段累计弯角影响)。传感器采集管内视频及音频等信息，并通过光缆传回控制台；控制台操作人员使用相应的设备及配套软件进行监测和分析，可实时报告管内的异常声事件和视频异常情况。其中声音信号处理软件可将声音信号转化为频谱图，图中的时间、距离和频率等参数可辅助控制台操作人员定位声事件并定性估计漏点大小或气囊的严重程度。

地面定位人员携带定位仪，跟随传感器前进，如图 10-11、图

10-12所示。定位仪可检测到埋深达 10 m 的管道中的传感器。控制台操作员发现漏点、气囊或其他异常情况时，将传感器停在异常位置，定位人员立即对传感器进行定位，并在地面进行标记。

图 10-11　定位仪

图 10-12　定位原理示意图

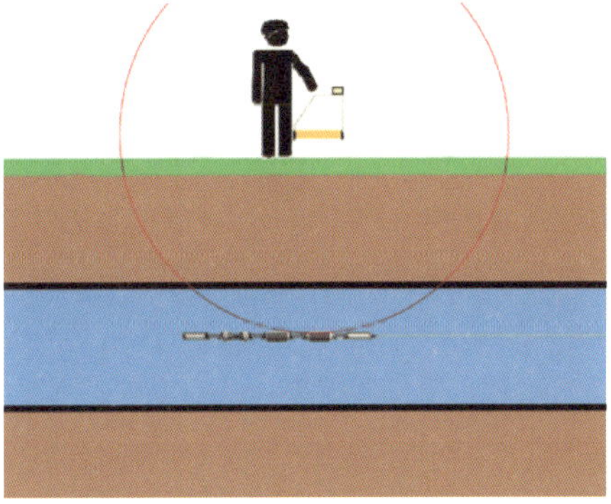

2018 年 9 月，某水司采用管内泄漏检测和视频检查技术对三段管道进行了检测，经检测共发现了 2 处漏点。其中一处漏点的频谱图如图 10-13 所示，经开挖验证发现实际漏点位置与检测定位相差 0.2 m 以内，该漏点为废弃三通(图 10-14)。现场对管道视频检查时发现铸铁管存在锈蚀(图 10-15)，锈蚀严重并产生管瘤，造成过水断面减小，影响管道的输水能力；锈蚀如果进一步发展，可能会产生漏点，甚至发生爆管。此外，工程师还在部分管段发现沉积物、杂物等情况(图 10-16)。

图 10-13　漏点频谱图

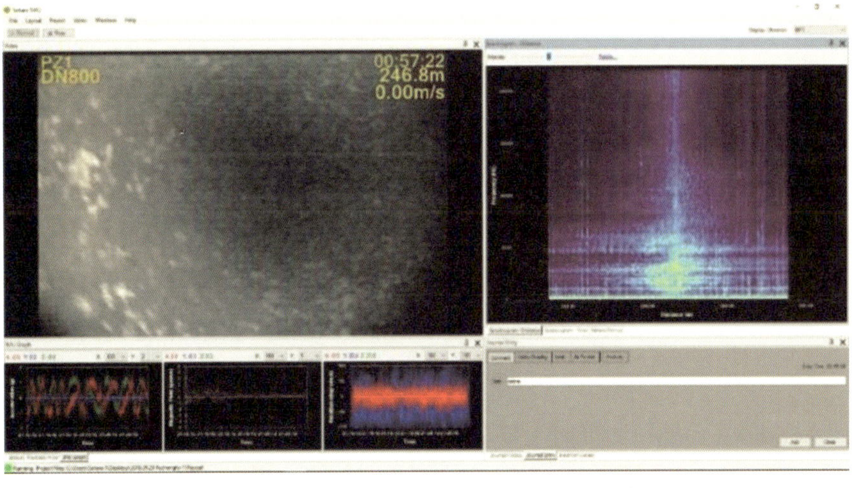

图 10-14 泄漏点为一废弃三通

图 10-15 管壁锈蚀

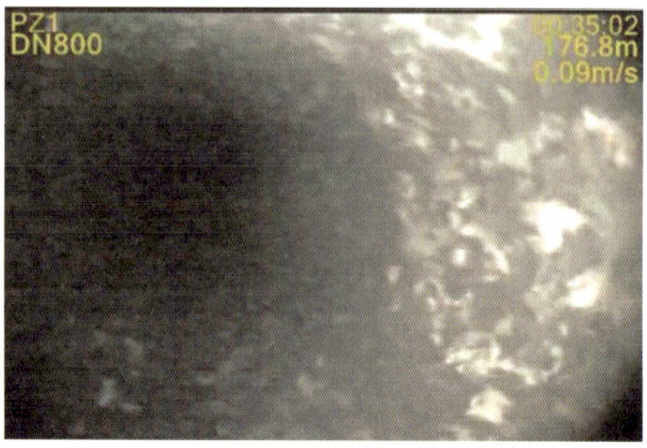

图 10-16 管底沉积物

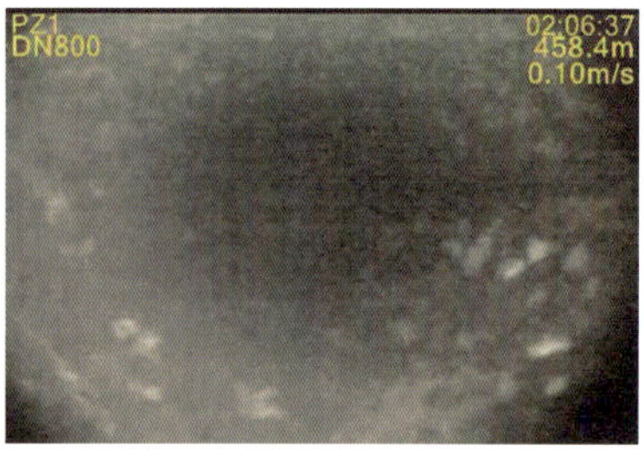

10.1.3 管道腐蚀检测与评估技术

电磁无损检测中，远场涡流检测基于电磁感应原理可检测管壁的不连续性缺陷，如裂纹、夹杂物及不均匀介质等，检测管道的几何尺寸，如形状、大小以及膜厚等。但由于涡流具有趋肤效应，因此涡流检测只能检测表面和近表面的缺陷，不能检查金属材料深层的内部缺陷。而远场涡流检测技术利用两次穿越管壁的低频磁场作为检测信号，可以不受集肤效应的影响，对管道内外表面都具有相同的检测灵敏度，检测精度和分辨率都很高。

远场涡流检测在金属管道、PCCP、BWP 大口径（450 mm）管道上应用较多，检测范围较广，能够确定整个检测管道壁损情况，如点蚀、腐蚀、裂纹和泄漏，并可测量剩余壁厚、表面积、管壁应力评估等。

漏磁（MFL）通常称“智能清管器”，是一种用于检测管道异常特征如腐蚀和壁厚损失的电磁无损检测方法。该技术能检测出管道内、外腐蚀产生的金属损失缺陷。新一代的漏磁检测设备配备了改进型磁铁和大量先进的霍尔探头，近场传感器能准确辨别内部缺陷和外部缺陷，6 轴惯性传感器模块可描绘管道性能和地理位置，高精度几何尺寸传感器改进了检测性能，能发现凹痕、褶皱、凸起、弯曲和其他几何变形，根据高精度漏磁检测器提供的高质量数据，数据分析系统能够清楚地描绘管线状态。

10.1.4 管道 PCCP 断丝检测技术

PCCP 的高强预应力钢丝为管道提供强度。由于生产、安装、操作、环境等原因，会造成钢丝腐蚀或直接断裂，一旦断丝达到一定数量，将导致爆管事故。采用电磁法技术可以了解 PCCP 钢丝断裂情况。根据每节管道断丝数量及位置，对出现大面积断丝的管道考虑更换；对断丝不太严重的管道，考虑补强修复或者加强检测频次，避免全面换管造成支出浪费。电磁法基于远场涡流技术，有激励探头和接收探头，激励探头和接收探头分别置于 PCCP 内壁对称的两侧，同步沿 PCCP 管轴线行进。激励探头在管内某一侧感应产生变化的磁场，在预应力钢丝中产生感应电流。感应电流在通过螺旋缠绕的预应力钢丝时会在 PCCP 管内产生交变磁场，被另一侧的接收探头接收，在接收探头中感应产生电压。若单节 PCCP 管道钢丝未受损，则在螺旋缠绕的预应力钢丝中感应电流变化较小；如果某节管道出现断丝，则接收信号的振幅及相位会发生变化。考虑不同管径的 PCCP 管线及其排水情况，可以选择不同的电磁法检测平台。

对于大口径 PCCP 管道的检测，如果具备排空条件，则采用人工推行设备。在管道内工程师将电磁波法检测设备固定在专用的推车上(图 10-17)，由人工在管道内推行。推行过程中设备自动采集信号，检测完成后再由分析师分析电磁数据识别每节管道的腐蚀程度。人工推行设备适用于 PCCP 检修阶段，需要疏干管道，且不适用于直径小于1 400 mm 的管道。

图 10-17　电磁法人工推行设备

部分 PCCP 工程由于没有备用管线或工程位于城市重要地段，不具备停水条件，有些工程

图 10-18 自由浮游式电磁法设备

虽然可以排水，但由于施工阶段征地困难，管道沿线只有少量排水点，排水较为困难。建议选择自由浮游式电磁法断丝检测设备，如图10-18所示。在这种情况下，为不影响管道的正常带压运行，可使用特制插入套管将设备通过管道开孔插入管道中，或通过与管线相连的蓄水池进行投放。进入管线后，设备将随水流在管线内行进并采集管道状态数据，到达预先设定的设备回收点（蓄水池或管内阀门）后，用回收网或者水下机器人（ROV）捕捉收回。检测过程中，通过预先安装的声接收传感器辅以移动的设备定位仪对设备在管内的行进过程进行追踪，所采集的跟踪数据用于提高定位精度。现场检测完成后，由分析师对采集到的数据进行分析，确定断丝分布、量化断丝数量。

10.1.5 管道智能胶囊检测技术

管道智能胶囊检测技术是一种基于液体介质中的自主浮动并摄像与定位的管中检测技术，属于一种管道智能检测方法及检测系统，旨在解决现有技术中的管道检测方法作业效率低下、劳动强度大、经济成本高等问题。此方法采用一种智能胶囊，从检测起点投放，智能胶囊在管道中随管道中的水流运动，在运动的过程中采集管道内的图像数据，在检测终点进行胶囊回收。检测时，可在移动终端获取智能胶囊的位置信息，并可下载智能胶囊中所采集到的图像数据，传输至用于对图像数据进行处理与分析的智能终端中，对所取图像数据进行稳像处理，生成虚拟稳定视场的管道检测视频，从生成的管道检测视频中自动识别出管道存在的病害。

此方法检测前，预先将用来采集不同检测段的多个检测胶囊用不同的颜色区分，且每个胶囊内配置有唯一的识别码；在移动终端通过 App 与多个胶囊中装置的 Wi-Fi 通信单元连接。检测前，应对待检测的管道段进行淤泥清理，并应投放与胶囊类似的测试装置，对待检测管道通过性能进行测试。检测的移动终端通过 GNSS 定位系统确定检测段的起点和终点位置；检测过程中，通过智能胶囊中的 9 轴 MEMS 运动传感器对运动数据进行分段处理，通过运动特征分析出管道中的关键拓扑位置，获得胶囊通过关键拓扑位置的时刻，得到胶囊的时间拓扑序列轨迹。结合起点、终点位置，将获得的时间拓扑序列轨迹与所检测管道的地形图匹配，从而得到每个关键拓扑位置上对应的具体地理位置，并得到智能胶囊在管道中运动的轨迹序列，利用卡尔曼滤波轨迹组合，结合胶囊在直线管道运动时匀速运动的特征约束，得到智能胶囊在管道中运动的精细空间轨迹。

此类管道智能检测系统的内部电子模块应包括四个单位：定位定姿、成像拍照、集成控制以及供电等。此类方法采用无动力设计的检测胶囊对管道进行图像数据采集，通过影像和 9 轴 MEMS 惯导实现位置推算，并利用图像分析技术实现管道病害拾取和病害分析，有效地实现了对管道病害的检测和定位，提高作业效率，降低经济成本。

此方法的难点在于，胶囊的运动是依靠管中水流的自主流动，因此检测时对速度、回收、测量等均较难控制，一般宜采用多粒胶囊同时投放，应减小胶囊的成本。另外，胶囊在管道中的运动轨迹有起伏，摄像质量及稳像技术是关键。

10.1.6 管道不停水电法测漏技术

管道不停水电法测漏技术采用聚焦电流快速检测原理，聚焦式电极阵列探头可产生一个分布在有限范围内的径向聚焦式交流电流场，检测时令探头在管道内连续移动，实时测量管内的聚焦式电极阵列探头与地面的接地棒之间的泄漏电流。当管壁不存在缺陷时，穿透绝缘性管壁的泄漏电流非常小；当管壁存在结构性、侵蚀性或接头缺陷时，当探头接近缺陷点时，渗漏电流流出管壁。电流曲线的峰值通常与渗入或渗出漏水的管道缺陷有关，泄漏电流峰值越高，管道缺陷越大，而完好的管壁不会产生泄漏电流。该方法可在不封堵上游来水的情况下检测管道渗漏。

10.1.7 管道内外病害一体化检测技术

CCTV 技术用于管道内壁的表观检测，但无法对管道外部病害进行检测。以往探地雷达用于管道的探测与定位，根据其检测技术原理，可通过管内雷达实现管周病害检测。针对以上问题，结合 CCTV 与探地雷达技术，实现管道隐患以及管道周边地层缺陷的检测与诊断。

管内探地雷达发射和接收的是高频电磁波，根据电磁波理论，电磁波在地下介质中的传播特性取决于介质的波阻抗，而又主要与介质的相对介电常数 ε 成比例关系，即 $\eta = 1/\sqrt{\varepsilon}$。当相邻两层介质的 ε 存在差异时，也就是两介质的波阻抗 η 有差异时，入射到两结构层分界面上或异常体表面的电磁波产生反射（图 10-19）形成反射波，被管壁表面信号接收天线收到，从而使该结构层分界面或异常体位置被识别出来。这种波阻抗差异可用反射系数 R 表示，即

图 10-19　探地雷达检测法检测原理示意图

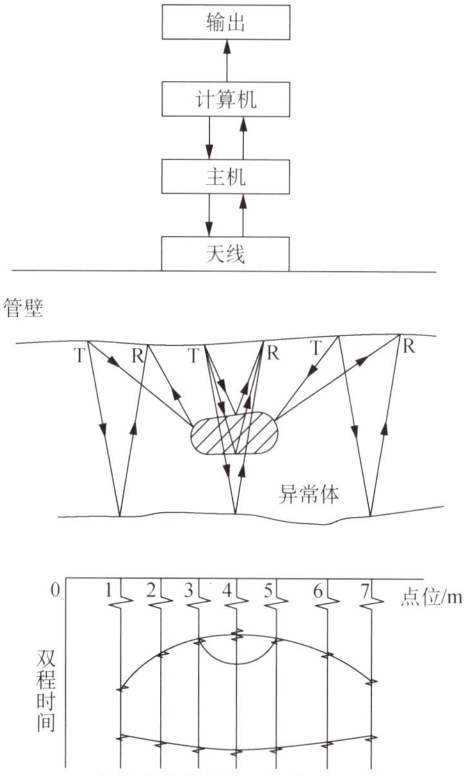

(a) 高频电磁波在地下介质中的传播示意

(b) 管道内外病害一体化检测机器人

$$R \approx (\eta_2 - \eta_1)/(\eta_2 + \eta_1) \approx (\sqrt{\varepsilon_1} - \sqrt{\varepsilon_2})/(\sqrt{\varepsilon_1} + \sqrt{\varepsilon_2}) \quad (10\text{-}1)$$

反射系数直接反映了介质的电性及其差异。由上述表达式可知，在一定深度范围内，相邻两介质的相对介电常数 ε 差异越大，反射波越强，反射界面越容易识别。当电磁波在地下传播的速度已知时，即可求出地下目标或地下界面的深度，并且反射波带有地下目标和地下媒质的性质信息。对反射波进行分析，可以确定地下目标的性质。当发射天线和接收天线在地表的相对位置固定，而共同移动时可以得到一组反射波，将这一组反射波表现出来，就可得到地下目标相对地表的位置信息，从而发现地下目标。由于电磁波在不同电性、不同形态的介质中传播时，其路径、强度、波形均随之变化，当管道外部出现空洞、脱空、富水时，在雷达资料中便会出现明显的特征反射。如：脱空时将产生夹层反射；空洞会产生绕射；当管壁因渗漏问题而使土体含水量增大，或出现软弱夹层时，介电常数将明显增大，在图像中就可以得到高含水性的反射。

10.2 管线监测新技术与应用

管线的检测技术可在一定程度上解决供水和排水管道病害状态的评估，为管线的维修、更新及改造提供数据支持。然而定期的检测技术无法实现对管网实时状态的监控，同时难以实现突发事件的预警和报警。随着电子技术的发展，传感器技术、信息科学、电气和计算机工程产生的新兴技术被应用于管线的监测中，这些监测技术为管网实时状态评估和动态预警提供了有效手段，保障管网运行安全。

10.2.1 供水管网漏损 DMA 分区监测

独立计量区域（District Metering Area，DMA）分区管理是控制城市供水系统水量漏失的有效方法之一，1980 年初，其概念由英国水工业协会在其水务联合大会上首次提出。在报告中，DMA 被定义为供配水系统中一个被切割分离的独立区域，通常采取关闭阀门或安装流量计，形成虚拟或实际独立区域。通过对进入或流出这一区域的水量进行计量，并通过流量分析来定量泄漏水平，从而利于检漏人员更准确地决定在何时何处检漏更为有利，并进行主动泄漏控制。

随着城镇化的快速发展，建立供水管网漏损控制 DMA 系统已经成为趋势。2017 年，住房和城乡建设部办公厅关于印发城镇供水管网分区计量管理工作指南——供水管网漏损管控体系构建(试行）的通知。分区计量管理是指将整个城镇公共供水管网划分成若干个供水区域，进行流量、压力、水质和漏点监测，实现供水管网漏损分区量化及有效控制的精细化管理模式。通过 DMA 的实施可掌握供水状况，进行科学调度，及时发现漏水发生的区域，及时检测维修，提升供水系统管理水平，提高供水效益，优化管网运行，实现持续性降低漏损，保障供水系统的安全运行。

1. DMA 分区

（1）分区划分。分区划分应综合考虑行政区划、自然条件、管网运行特征、供水管理需求等多方面因素，并尽量降低对管网正常运行的干扰。其中，自然条件包括河道、铁路、湖泊等物理边界、地形地势等；管网运行特征包括水厂分布及其供水范围、压力分布、用户用水特征等；供水管理需求包括营销管理、二次供水管理、老旧管网改造等。

（2）分区级别。分区级别应根据供水单位的管理层级及范围确定。分区级别越多，管网管理越精细，但成本也越高。一般情况下，最高一级分区宜为各供水营业或管网分公司管理区域，中间级分区宜为营业管理区内分区，一级和中间级分区为区域计量区，最低一级分区宜为独立计量区(DMA)。独立计量区一般以住宅小区、工业园区或自然村等区域为单元建立，用户数一般不超过 5 000 户，进水口数量不宜超过 2 个,DMA 内的大用户和二次供水设施应安装水表计量。鼓励在二次供水设施加装水质监测设备。

管网分区计量管理示意图如图 10-20 所示。该管网采用了三级分区计量管理模式，包含 2 个一级分区、5 个二级分区、若干个三级分区，其中三级分区为 DMA。

2. DMA 管理实施路线

分区计量管理有两种基本实施路线：

（1）由最高一级分区到最低一级分区(DMA）逐级细化的实施路线，即自上而下的分区路线。

（2）由最低一级分区(DMA）到最高一级分区逐级外扩的实施路线，即自下而上的分区路线。

图 10-20　管网分区计量管理示意图[1]

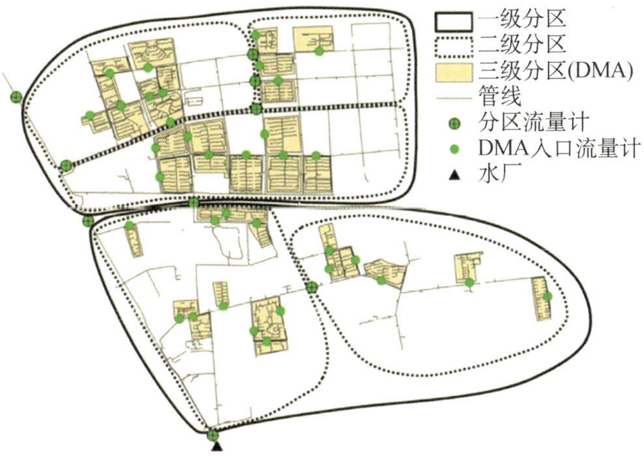

自上而下和自下而上的分区路线各有优势，互为补充。供水单位可根据供水格局、供水管网特征、运行状态、漏损控制现状、管理机制等实际情况合理选择，也可以根据具体情况采用二者相结合的路线。

3. **某市供水管网分区计量管理案例**

（1）实施路线：自上而下与自下而上相结合。

（2）实施路线选择：现状配水管网拓扑关系较复杂，管线呈环状分布、互联互通的网状结构，管网漏损发生在干管和小区管线，管网 GIS 数据较为完整。

（3）实施过程。实施过程主要分三阶段实施：

第一阶段，完成一级分区。在公司日供水量达到 15 万 m^3、供水区域面积超过 100 km^2、漏损率高于 15% 时，先建一级分区。一级分区主要根据行政区域边界、营业所数量来划分，将公司供水区域划分为某城、某江、城东、城南、某湖五个供水营业分公司，如图 10-21 所示，每个营业分公司均通过安装流量计实行营业管理定量考核，形成“公司—分公司”的一级计量分区，通过一级分区明确管理责任，初步实现区域划分、区域结算、区域考核、区域管理的格局。

第二阶段，推进 DMA 管理。根据每个一级分区内的管网基础条件、漏损率情况来综合确定二级、三级分区的建设技术路线。三级分区

（即 DMA）建设主要根据小区和农村以及供水支线管道来划分。为了充分发挥 DMA 分区管理的作用，在 5 个分公司营业定量管理的基础上，建立了以营业收费、运行调度和管网 GIS 系统为平台的管网漏损分析软件系统。

第三阶段，基于一级和三级分区，同步实施二级分区管理。在管网基础资料相对完善、数据较为准确，特别是完善好 GIS 系统管网数据动态更新机制后，基于一级和三级分区，同步实施二级分区的建设。二级分区根据地理特征、管网结构、供水量来划分。截至目前，供水区域内共设置 5 个一级计量大区、38 个二级计量片区、1 095 个小区总考核表和 15 500 个单元考核表，基本建立分区计量管理体系和总分表分析管理机制，实现了以“公司”“分公司”“片区”“支线”“户表”为计量节点的点、线、面三者互联互通的五层级计量管理体系，为实现网格化计量、水量异常变化分析、管网漏损科学有效控制提供了有效的技术支撑。

图 10-21　某市供水区域分区计量划分图[1]

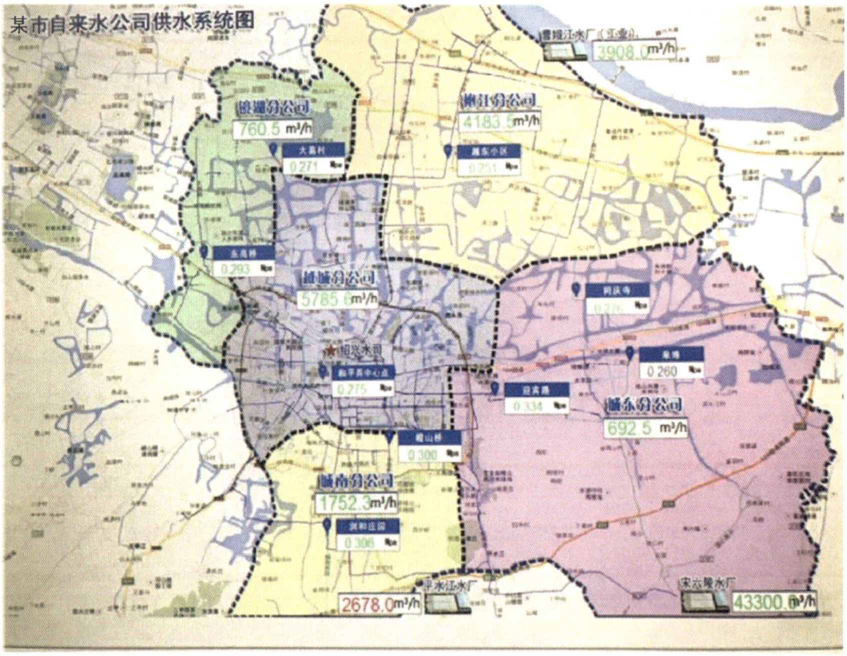

某市通过 DMA 分区管理实现了对现状漏损的合理评估和新增漏损的及时发现与预警，有效指导人工辅助检漏，提高检漏工作效率。每年及时预警发现突发性事故 10 多起，累计减少水量损失 3 000 m^3/h，及

时预警发现趋势性事故 50 多起，累计减少水量损失近 1 000 m^3/h。实施分区计量管理后，某市供水管网漏损率持续控制在 5% 以下。同时，在分区计量管理模式下开展的分区调度、分区控压，实现智能精细化区域压力管理，做到“高峰不低、低峰不高”，达到按需、科学调压要求，同时实现管网压力平稳、安全、经济，有效减少和杜绝水锤导致的破坏性影响，保障供水稳定。

10.2.2 供水管网漏损声学监测

采用声学传感器供水管线漏损检测技术，结合最新的物联网技术，可以实现供水管网在线漏损监测，该技术可以在 DMA 分区中应用，或在单段独立管道上应用，实现供水管网的漏损监测与定位，如图 10-22 所示。

图 10-22　供水管网漏损声学监测

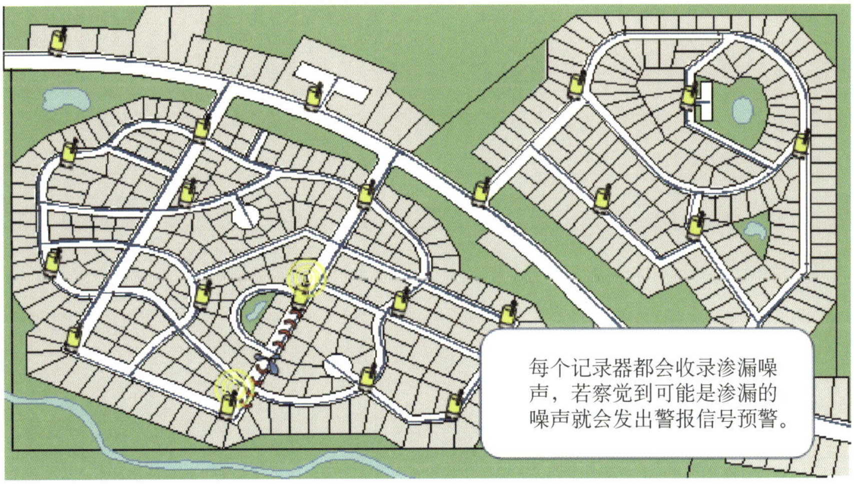

通过该技术可以快速识别潜在漏损区域，通过轻量级的地图显示部署位置，可以远程查看声学传感器采集的管网漏损状态并进行报警。为避免环境影响造成的误报警，系统具备二次辅助确认功能，一旦监测设备报警，声学传感器识别有漏点，可通过发送声音文件人工辅助确认漏点情况，此外，通过多个声音传感器相关数据信息，可以对管网泄漏位置进行定位。

在上述系统的基础上，可以在供水管网安装高频压力传感器、水听器以及流量计，并接入 SCADA 在线监测平台，基于机器学习算法和信号分析算法对整体管网的压力瞬变、漏损变化、流量变化等实现全面监控。该系统可以通过水听器监测到管网中的异常声事件，还可以通过高频压力传感器和水听器一起划定泄漏或爆管的区域。该系统不仅可以进行管线漏损在线监测，同时可识别供水管网中由于压力瞬变或水锤导致的管线老化和损坏问题。

案例

2017 年 6 月，国内某水司在某老旧小区及某市政管线安装了23 套传感器，对重点区域的管网进行实时监控，以实现漏水监测与报警、管网故障预判、资产评估等功能，实施了基于云服务的解决方案，将来自现场传感器的数据实时传输到云平台，后者负责管理数据并提供管网泄漏和资产风险分析。管网泄漏分析通过多种测试案例进行了验证，这些案例通过实时监控网络中的异常情况和可配置的规则引擎，分析突发检测以及用于规划目的的资产性能监控。

系统监测区域包括三个片区：

（1）出厂输水管道监控：监控出厂输水管道的压力异常、爆管、压力瞬变活动等，保障供水正常压力，及时发现异常或爆管事件，以便及时处置，降低影响。

（2）居民小区监控：居民小区泄漏检测，查找居民区内管网物理漏损情况。

（3）输水管道管网故障评估：由于发生过爆管情况，监控该路段管道，同时评估管道未来发生的故障风险。

通过对安装在老旧小区的高频压力传感器及水听器所接收到的数据进行算法分析，在 12 月 28 日，系统提示小区内部有管道泄漏，并标定了疑似漏水的区域范围，经过检漏队的听漏复查，成功找到了管道泄漏位置，从而及时维修管道，避免管道泄漏的进一步扩大。同年 6 月，系统提示一根 DN600 的水泥管上有疑似泄漏，并标定了疑似泄漏区域，同一时间，该水司采用了系缆式管道内检测技术对该管线进行检测，在所标定的疑似区域发现漏点并精确定位漏点位置。7 月 10 日，自来水公司对其中一处漏点进行开挖并修复，从开挖现场看，该漏点漏量估计为30 L/min。半年时间内，漏量估计达到 700 万 L，足足可以填满 18 个游泳池。到目前为止，监测设备安装时间已有 11 个月，一共监测到 6 处漏点，2 次压力异常时间，2 次爆管事件，

1 处导致剧烈且频繁压力瞬变的源头，修复现存的泄漏点所节约的水量预计达45 000~75 000 t/年，实时保障用户供水管网安全，解决管网漏损问题。

10.2.3 分布式光纤监测技术

分布式光纤传感技术（DOFS）采用光纤做传感介质和传输信号介质，通过测量光纤中特定散射光的信号来反映光纤自身或所处环境的应变、温度或振动的变化，一根光纤可实现成百上千传感点的分布式传感测量（图 10-23）。光纤具有尺寸小、重量轻、耐腐蚀、抗辐射抗电磁干扰、方便布设等特点。

图 10-23 分布式光纤监测

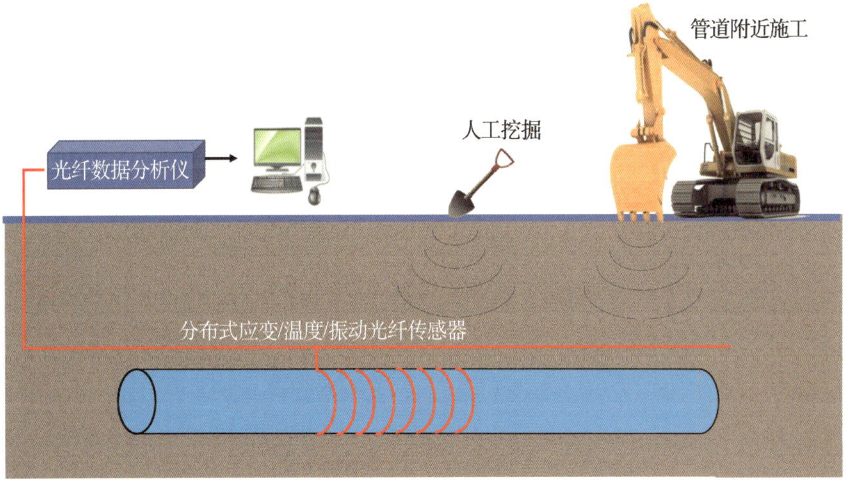

分布式光纤传感技术从光纤中光的散射原理可分为以下三类：基于瑞利散射的分布式光纤传感技术，基于布里渊散射的分布式光纤传感技术和基于拉曼散射的分布式光纤传感技术。三种散射原理的分布式光纤传感技术对比如表 10-2 所示。从光学信号测试方法的不同又可分为两类：光时域反射技术（OTDR）和光频域反射技术（OFDR）。

1. 分布式光纤振动/声学传感技术

分布式光纤振动/声学传感技术是利用相干瑞利散射光的相位而非光强来探测音频范围内的声音或振动等信号，不仅可以利用相位幅值大小来提供声音或振动事件强度信息，还利用线性定量测量值

表 10-2 分布式光纤传感技术比较

类别	测试方法	优点	缺点	主要应用
瑞利散射	OTDR	测量距离长，几十千米甚至几百千米	有盲区，空间分辨率较低，一般在米量级	损耗、断点等检测及振动传感
	OFDR	高精度短距离测量，空间分辨率毫米量级	测量距离较短	损耗、断点等检测，故障定位分析、光谱测量，分布式温度与应变传感
拉曼散射	ROTDR	测量距离长，约10 km	空间分辨率较低，米量级，测温精度低	分布式温度传感
	ROFDR			
布里渊散射	BOTDR	长距离测量，几十千米量级，空间分辨率0.4~0.5 m	单端测量，系统复杂，测试时间较长	分布式温度与应变传感
	BOTDA		双端测量，系统复杂，测试时间较长	
	BOFDA	空间分辨率较高，厘米量级或毫米量级	系统复杂，测试时间较长	

实现对声音或振动事件相位和频率信息的获取。该技术可用于管线第三方干扰与破坏监测、管线泄漏监测和 PCCP 管线断丝监测等。

2. 分布式光纤变形监测技术

布里渊散射原理是光通过光纤时，光子和光纤中因自发热运动而产生的声子会产生非弹性碰撞，发生自布里渊散射(GAWBS)。散射光的频率相对入射光的频率发生变化，这一变化的大小与散射角和光纤的材料特性有关。与布里渊散射光频率相关的光纤材料特性主要受温度和应变的影响。因此，通过测定脉冲光的后向布里渊散射光频移就可实现分布式温度、应变测量。该技术可以用于管线变形监测，如管线沉降监测和管线断面变形监测，同时该技术可以通过管线泄漏介质与周边环境介质温度差异，间接进行管线泄漏监测。

10.3 管线维修新技术与应用

10.3.1 地下管道非开挖修复技术

传统维修地下管道的方法一般是开挖修复和更换管道，这类方法会带来众多弊端，如施工成本高，施工区周边居民生活受到严重干扰，并且很多情况下城市密集的地下基础设施、地面的绿化面积和建筑楼群，以及繁忙的交通，留给开挖施工的余地很小，根本不能实现地下管道的修复更换(图 10-24)。

图 10-24 开挖修复法

非开挖修复技术是指在不开挖或微开挖的情况下对现有缺陷管道进行修复和更新，以保障管道良好运行、延长管道使用寿命的施工技术及其辅助技术。其对周围交通、环境影响小，具有较低的社会成本。

管道非开挖修复技术的发展始于 20 世纪 60 年代，目前管道非开挖修复技术种类多达几十种，主要包括穿插法、折叠内衬法、缠绕法、原位固化法、碎(裂) 管法、管片内衬法和注浆法等。

1. 穿插法

穿插法(slip lining)，又称传统内衬法(plain sliplining) 或内插法。指在旧管道中直接拖入新管，并在新旧管的环向空隙中注浆稳固的方法。这种方法在国内外使用都较早，且是目前仍在应用的一种既方便又经济的管道修复方法。穿插法所用管材通常是 PE 管，但有时也有 PVC 管、陶土管、混凝土管或玻璃钢管等管材。

穿插法的优点是：施工工艺简单，速度快，成本低，寿命长。一次性修复距离长，分段施工时对交通和周边环境的影响轻微，插 HDPE 管速度可达 15~20 m/min，一次穿插距离甚至可达 1~2 km。

穿插法的缺点是：过流断面损失较大，穿插入新管后，流量有明显损失；新旧管间的环形间隙要求注浆，但由于环状间隙较小，注浆较困难。

穿插法适用于排水管道、供水管道、燃气管道、化学管道及工业管道等，新插管的外径不宜大于旧管内径的 90%(图 10-25)。

图 10-25　穿插法

2. 折叠内衬法

该法使用可变形的 PE 或 PVC 作为管道材料，施工前将其加热并折叠成 U 形、C 形甚至工字形，这样极大地减少了新管的断面面积。插入时从一个检查井进入，从另一个检查井用卷扬机等设备拉出，就位后，利用加热或加压使其恢复原来的管道形状，从而与旧管道构成紧密配合的复合管道(图 10-26)。

图 10-26　折叠内衬法

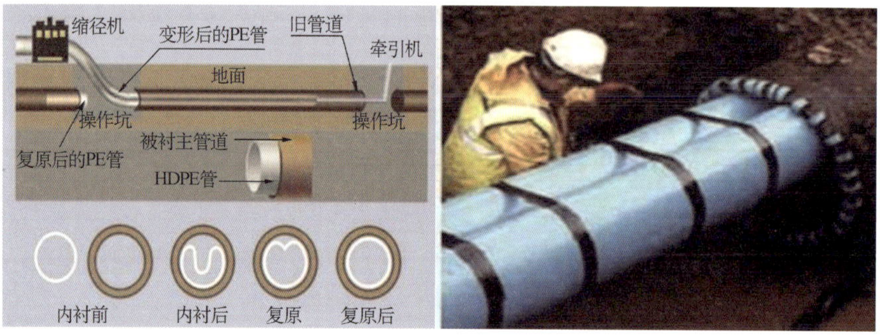

折叠内衬法的特点是：施工时占用场地小，可利用现有人井施工；新衬管与旧管可形成紧密配合，管道的过流断面损失小，无需对环状空间注浆；管道连续无接缝；对旧管道清洗要求低，只要达到内壁光滑无毛刺即可，施工质量容易得到保证，施工周期相应较短；折叠后断面收缩率高，断面面积可减小 40%，穿插顺畅；使用寿命长；经济性好，修复成本为新建管道成本的 30%～50%。该方法的缺点是：施工时可能引起结构性破坏，非圆形管道或变形管道不适用。

该方法适用于压力管道、重力管道及石油、天然气、煤气、化工管道等。修复管道直径范围：100~1 200 mm；单次修复长度：修复直径为 400 mm 的管道时最大施工长度达 800 m，这取决于滚筒容量、回拖机构的回拖力及材料的强度。

3. 缠绕法

缠绕法主要用于修复排水管道，该技术由澳大利亚人发明。缠绕法是利用聚氯乙烯（PVC）或高密度聚乙烯（HDPE）制成的带 T 形筋和边缘公母扣的板带，用安装在井内的制管机将板带卷成螺旋形圆管并送入管内，相嵌并锁结，同时用硅胶加以密封。制管完成后在螺旋管和混凝土母管之间灌注水泥浆。

缠绕法的优点有：一般情况下无须开挖，只需利用现有人井，对周边环境的影响小；所需设备可固定在卡车上，便于移动，施工速度快；占地面积少，适合复杂场地作业；可长距离施工；可以带水作业，也可进行间歇式施工。缠绕法适用于压力管道和重力流管道的结构性损坏及非结构性损坏的修复。根据机器放置位置不同，可分为固定式安装法（人井内缠绕法）和移动式缠绕法（管道内缠绕法）。移动式缠绕法是将缠绕机放在旧管道中，边缠绕边前进。固定式安装法是将缠绕机放置人井中，在人井中作业，缠绕带从地面下入，缠绕出的新管直接推入旧管道中（图 10-27）。

图 10-27　缠绕法

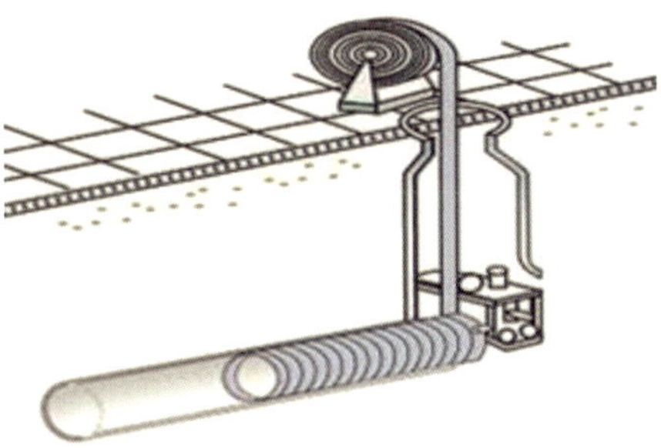

4. 原位固化法

原位固化法（Cured In-Place Pipe，CIPP）是将浸渍树脂的纤维软管通过翻转或者牵拉的方式置入原有管道中，然后在常温、蒸气、热水或紫外光作用下使树脂发生固化反应，从而在原有管道内部形成一层新的内衬的修复方法，根据施工方法的不同可以分为翻转热水固化法、翻转蒸汽固化法或者紫外光固化法，可用于修复圆形、蛋形、马蹄形或方形等各种类型的管道。

目前，在国内应用最广泛的修复工艺是翻转热水固化法和紫外光固化法。翻转热水固化法是借助于水压将浸渍树脂的内衬软管和原有管道紧密贴合，通过水温升高使树脂发生固化反应。该工艺使用的材料为热固性树脂和聚酯纤维软管，在国外报道中最大修复管径可以达到 3 000 mm，在国内的管道修复的管径范围为 150~1 800 mm。

紫外光固化法修复工艺使用的材料热固性树脂和玻璃纤维软管，纤维软管在气压的作用下和原有管道紧密贴合，然后在紫外线的作用下使树脂发生固化反应。国外相关报道中紫外光固化工艺最大可以修复管径 1 800 mm 的管道，目前在国内紫外光固化法可以修复管径范围为 150~1 600 mm 的管道。

原位固化修复工艺施工后形成的内衬管可以与原有管道共同承载管道上方的载荷，也可以作为单独的管道承载管道上方的所有载荷，修复后的管道可以达到或者延长原有管道的剩余寿命，如图 10-28 所示。

图 10-28　原位固化法

5. 碎(裂) 管法

碎(裂) 管法工艺采用气压、液压或静拉力来破碎现存的旧管道，并将旧管道碎屑挤入周围的土层中，同时拉入新管道。该方法适用于原有管道为易脆管材(如灰口铸铁管)，或管道老化情况严重。新管道可以是 HDPE 管、DH、PVC 管、即管和 GRP 管等，新管管径可以比原有管道管径大。当被换旧管的分支较少、旧管道在结构上已经损坏，或需要提高其承载力时，采用碎(裂) 管法工艺将获得较高的性价比，如图 10-29 所示。

图 10-29　碎（裂）管法

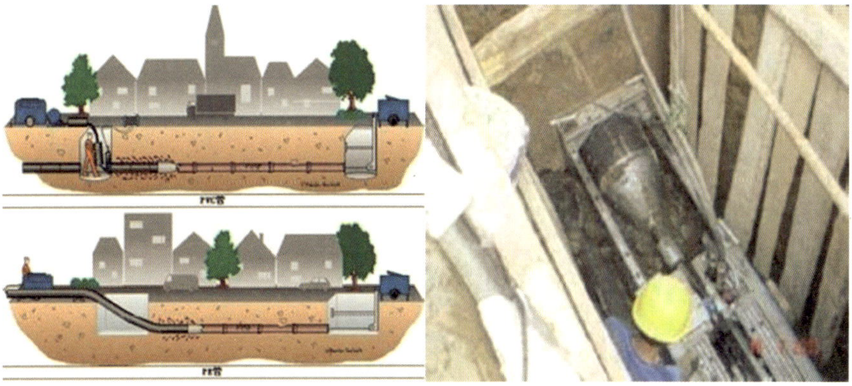

碎（裂）管法完全避免了诸如穿插法减小管道过水断面的缺点，其施工工期较短，适用于管径为 40～500 mm 的管道，一次安装的长度可达几百米，在支管、检查井等处需要局部开挖。该方法存在以下技术局限：碎管设备的震动可能会影响周边其他的市政管道或结构设施；需要在支管连接处开挖；水力扩管碎管设备会使旧管不定向破碎，碎片会对衬管的长期性能造成影响；遇到一些无法预见的情况（如旧管周围包有混凝土，无记录的管道接头以及不利的土壤环境）时，开挖在所难免；衬管无法通过旧管段上的弯头。

6. 管片内衬法

管片内衬法采用的主要材料为 PVC 材质的管片和灌浆料，通过使用连接件将管片在管内连接拼装，然后在原有管道和拼装成的内衬管之间，填充灌浆料，使新内衬管和原有管道连成一体，达到修复破损管道的目的。管片内衬法的定义为将片状型材在原有管道内拼接成一条新管道，并对新管道与原有管道之间的间隙进行填充的管道修复方法，如图 10-30 所示。

管片内衬法的优点在于：PVC 模块的体积小、重量轻、施工方便；使用透明的 PVC 制品，目视控制灌浆料的填充，保证工程质量；可进行弯道施工，可从管道的中间向两端同时施工，缩短工期；不需要大型的机械设备进行安装，适用于各种施工环境，井内作业采用气压设备，保证作业面，安全施工；粗糙度系数小，能够确保保修前原有管道的流量。

图 10-30　管片内衬法

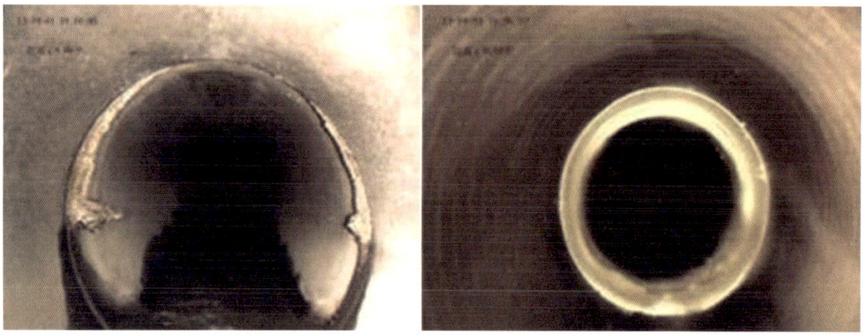

7. 不锈钢内衬法

不锈钢内衬法属于半结构性修复，可修复原有管道的结构性缺陷和功能性缺陷。

不锈钢内衬技术适用于修复管径 800~2 200 mm 的混凝土管、钢管、铸铁管等管道，经修复后的管道承受工作压力为 0.8~1.5 MPa。非开挖地下管道不锈钢内衬施工便捷、工艺合理；开挖破路面积小(每个工作面约 20m^2)，避免了对城市环境和交通的影响。

地下管道不锈钢内衬技术就是在待修复管道两端开挖工作坑，用制管设备把薄壁不锈钢制成符合尺寸要求的管坯，通过缩径设备输送到待衬管道内，通过胀管装置使内衬管与原管道贴实并用氩弧焊焊接；在管道端口采用不锈钢过渡层连接把内衬管与原管道连接为一体；将薄壁不锈钢衬到管道内壁上，形成密闭的不锈钢保护层，使原管道改造升级为内壁为不锈钢的复合管道。施工工艺流程如图 10-31 所示。

图 10-31　不锈钢内衬法施工工艺流程

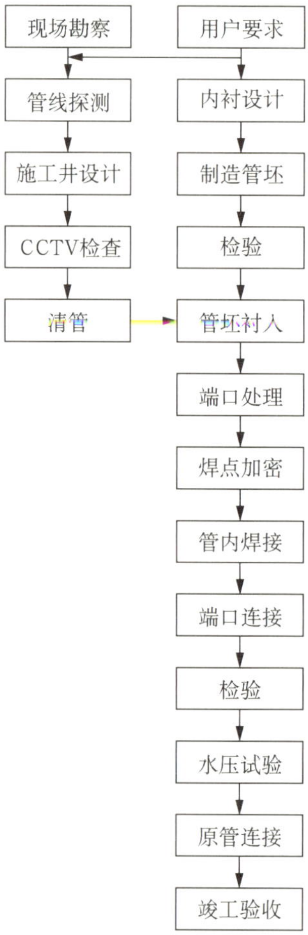

由于内衬不锈钢管具有耐腐蚀、寿命长、承压高、内壁光滑、不易结垢等优点，管道内衬修复后能起到堵漏、防腐、降阻、提压的作用。工程施工主要焊接操作在管道内完成，内衬与原管道贴实好，可以随着原管道的起伏、走向和尺寸变化而贴实。施工占地面积小，施工机具少又相对简单，对于人工可进入的管道修复工程，该技术相对其他管道修复技术具有适应性和灵活性。

8. 喷涂法

喷涂法是通过一个快速回转的喷涂头将浆液喷涂到管道内壁形成管道内衬的管道修复方法。喷涂法应用几乎不受管道直径和管段长度的限制，可以用于水泥管、陶土管、钢管、铸铁管、石棉管和砖砌管道中。常用的喷涂材料有水泥砂浆、环氧树脂等，由于喷涂层较薄，通常多用于管道防腐蚀加强处理。

根据喷涂材料的不同，喷涂法可分为水泥砂浆喷涂法和有机化学喷涂法。用化学类浆液喷涂的方法属于非结构性的修复；而喷涂水泥砂浆的修复方法，依据喷层厚度的不同，可认为是半结构性修复。

喷涂法具有修复速度快、管道支线对施工干扰不大等优势，同时，同一管段的砂浆喷涂厚度可以变化，管道位移、角度变化、管径和截面变化对喷涂法施工的影响不大。

10.3.2 地下排水管道外部高聚物注浆修复方法

基于具有自膨胀性的新型环保、耐腐蚀、早强非水反应高聚物修复材料，在管道上部地面或者管道内部向管道外部隐患部位注射高聚物修复材料，材料迅速发生反应，膨胀固化，封堵渗漏，填充脱空，顶升沉降，加固土体。

1. 地下管道不停水外部注浆修复方法

地下排水干管运行负荷大，不具备停水维修条件。非水反应高聚物在土体中会自动沿管道与土体结合部薄弱层流动扩散，建立了高聚物浆液在充水土体裂隙和空腔中的膨胀扩散模型（图 10-32），分析了高聚物膨胀性、注浆量、水压力等参数对浆液扩散行为的影响规律，提出了高聚物注浆控制参数。在此基础上，提出了地下排水管道不停输外部修复高聚物精细注浆方法，其技术原理是，首先采用声呐、聚焦电极等管道检测设备确定渗漏位置，然后在渗漏位置两侧地表钻孔至隐患部位并设置导管，通过导管向渗漏部位注射高聚物材料，材料沿管道与土体结合部薄弱层扩散并迅速发生反应，膨胀固化，形成高聚物防渗层，实现不停水条件下快速封堵管道渗漏。

图 10-32　高聚物流动填充机理与不停输外部修复技术原理

2. 地下管道沉陷高聚物顶升修复方法

软弱地层、流沙、地下暗河等复杂地质条件常常导致地下管道出现不均匀沉降、错口、渗漏等病害，封堵抽水内部非开挖维修方法容易出现涌水涌沙险情。首先，综合高聚物膜袋注浆与导管注浆技术，在隐患附近处管道两侧构筑高聚物固沙体，防治周边流沙进入管道；然后抽干积水进入管道，向设置在管道外部渗漏、沉陷部位的膜袋内注射高聚物材料；材料在膜袋内发生化学反应后体积迅速膨胀，封堵渗漏、顶升复位沉降管道，如图 10-33 所示。

图 10-33　地下管道涌水涌沙与沉陷高聚物注浆修复方法

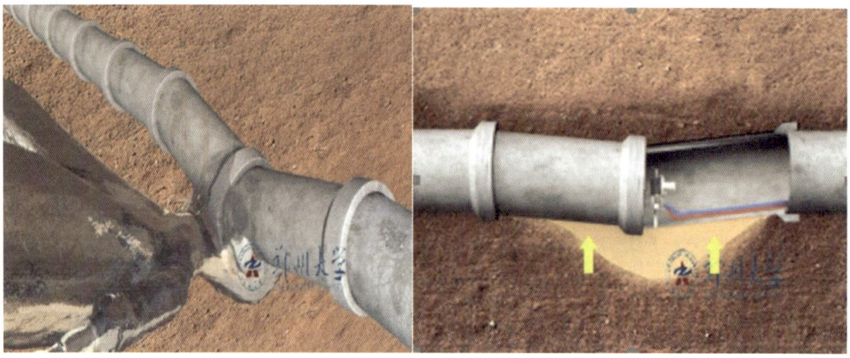

10.4　管线防灾分析和设计新技术与应用

10.4.1　供水管道结构防灾新进展

供水管网是一种在空间上广泛分布的地下结构。对于实际的地下管网而言，其分布随着城市发展和工业、居民等需水点的变化形成空间网状的复杂拓扑结构。近年来，供水管网结构抗灾分析的对象正从单根管道向带有弯头、三通等连接件的复杂管道以及整体管网结构方向发展。

对复杂埋地管道分析方法一般是通过对比研究带有弯管、三通、四通接头的复杂管道与直管管道应力变形之间的关系，通过对直管管道的计算结果予以修正，从而得到带有连接件的复杂管道的应力应变。

随着人们对供水管网抗灾复杂性和网络性认识的深化，人们逐渐意识到对地下管网进行整体结构的分析建模的必要性，并且随着计算理论、分析技术和计算机处理能力的发展，也使得这种网络性的整体力学行为分析成为可能。对地下管网进行整体分析建模的核心思想一般是采用基于梁单元的有限单元法建立系统的整体动力平衡或者拟静力平衡方程，以弹簧模拟管道接口以及管土之间的复杂相互作用，然后求解该平衡方程得到系统的整体地震响应。对地下管网进行整体的建模分析并考察其力学行为，可以充分地考虑管道之间的相互作用和地震动位移场的分布特点，更加符合工程实际。

无论是对复杂管道还是地下管网系统整体的地震反应分析，大部分都是通过理论方法进行的。由于非一致地震动模拟要求试验尺寸较大，需要采用现场试验的方法才能进行，因此目前管网整体结构方面的试验研究相对较少。2015 年，同济大学李杰教授团队以爆炸模拟地震动，对带有弯管、三通等复杂连接件的地下整体管网进行了现场动力反应试验，分析了场地的应变与管体应变以及管道接口变形之间的关系，并分析了管道在地震动作用下的滑移和管土之间相互作用的非线性特性，首次将试验推进到管网整体结构的层次。

10.4.2 供水管网防灾新进展

1. 基于功能的供水管网抗震可靠度评估和优化设计

考虑地震后供水管网水压、流量等水力特征，可以进行基于管网功能可靠性的抗震分析和设计。基于节点功能可靠性的防灾分析和设计，区别与之前的连通可靠性分析与设计，通过对管网进行水力计算，可以得出管网各处的水力状况，从而获得地震后供水管网中各用户节点水压达到预期值的概率，即各个节点能够维持正常使用功能的概率，从而进行供水管网抗震功能可靠度的评价。在功能可靠度分析的基础上，通过构建管网抗震优化设计和优化改造模型，采用遗传算法等优化算法可以给出满足抗震要求的供水管网建造和改造方案。该方法目前也进行了较多的工程实践，如沈阳、郑州等多个城市供水管网的抗震功能可靠度评估，以及江苏江阴、云南曲靖、浙江乐清等城市供水管网的抗震防灾规划工作。

该方法有两个核心要点。

其一是地震作用下管道渗漏模型的选取，在这方面，可以分别对球墨铸铁管在接口位移不同情况下的渗漏量进行实测，给出了接口位移与渗漏量的关系，给出地震作用下管道的渗漏模型。这一模型建立了管道结构破坏与管网功能损失的管线，为功能可靠度的求解奠定了基础。

其二是可靠度计算方法。共有三种方法：即一次二阶矩、矩法和概率密度演化方法。其中，前二者思路较为简洁，适合在工程领域的应用，但是其精度相对于概率密度演化方法而言较差。概率密度演化方法基于概率守恒原理，该方法可以从初始随机变量的分布最终计算得到目标函数的概率分布，是一种较为先进的理论。

2. 基于功能的供水管网抗震韧性评估方法

供水管网不仅要考虑抵抗和防御地震的能力，还需要考虑其在地震后能迅速恢复功能，以满足震后城市救灾和恢复的要求。目前在国际上新兴的韧性概念以及相应的分析方法可以兼顾供水管网对灾害的抵御和恢复能力。韧性这一概念的定义目前众说纷纭，其中美国国家标准与技术研究院(NIST)对其的定义为“韧性是一种能力，它能对预期的灾害做好准备，适应不断变化的条件，并能迅速从中断中恢复”。通过提升系统的韧性，使其能够在受灾时损失减小，并能在灾后快速恢复。

供水管网的抗震韧性分析一般都通过计算震中和震后管网实时功能函数随时间变化的曲线(图 10-34)，通过积分计算灾害发生后到恢复完成时系统功能的剩余，即图中阴影部分，即可获得系统韧性指标。这里功能函数可以是各用户节点水压满意度，也可以是能够正常供水的户数比例。同时，震后供水管网的恢复策略对管网的抗震韧性影响很大，一般可以采用基于灵敏度的修复策略来给出震后供水管网中各根管道的恢复顺序。实例分析表明，这一策略显著优于经验策略。

图 10-34　供水管网抗震韧性

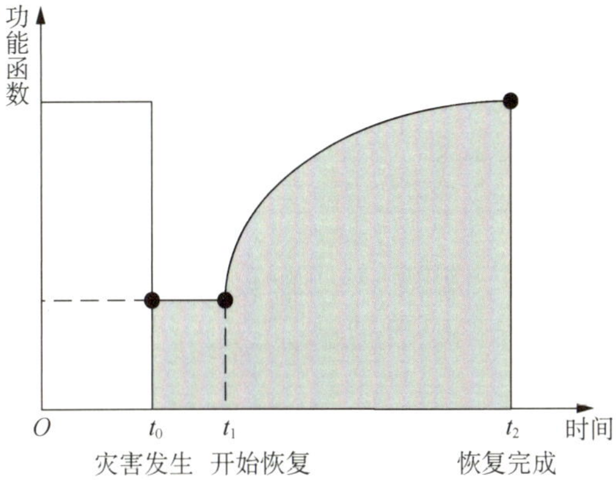

10.5　管线风险评估新技术与应用

近年来，随着城市化进程的不断加快，供排水管线的规模迅速扩大。但与此同时，管线老化、管理水平低等问题也随之而来，造成管线水量水压不足、水质污染等事故的频频发生，且事故规模在不断升级，给城市安全供水造成极大影响，对城市公共安全构成潜在威胁。随着人们对城市供水管线水质与人体健康问题的认识不断加深，城市供排水管线的安全性引起了人们越来越多的关注。全国各高校的科研人员及各地水司的工程技术人员从许多不同的方面提出具有针对性的评估方法和技术。下面分别对供水管线和排水管线的风险评估新技术及其应用进行介绍。

10.5.1　城市供水管线结构安全风险评估模型

目前，供水管线评估模型大多是针对统计性的管线事故评价，如果仅使用单纯的数理统计的概念，由于爆管事故的统计量限制，管线事故的数据信息对于全面的风险评价是不够的。通过对引起管线风险的因素识别、分析，构建风险评估系统则可以较全面地判断供水管线事故发生的可能性。国际上对管线结构、管网单元及系统的评估模型包含：1992 年，W. Kent Muhlbauer 提出管线风险管理评估模型（肯特模型）；2006 年，加拿大国家研究委员会发表的主干供水管线评估模型（NRC 模型）；2014 年，美国 Jason 咨询公司提出的基于贝叶斯网路的管线结构动态评估模型(Jason 模型)；2009 年，美国 EPA 提出的管线结构评估模型(EPA 模型)。

针对我国供水管线特征，从供水管线的结构安全稳定性出发，采用指数评分法建立供水管线结构安全风险评估模型。模型综合考虑影响供水管线安全的各项建设属性、结构状态、周边环境、运维状况、漏损情况等因素，细化各项风险因素及分级评价指标，对各个风险指标进行数据采集与评分，赋予各因素及指标相对权重，并以此开发建立供水管线结构安全风险评估系统，对供水管线的结构安全风险进行评估，为供水管线系统的日常维护及更新改造提供决策依据。

1. 指标选取

分析国内外管线及管网评估模型，管线状态评估的因素如表 10-3 所示，各类评价因素出现的综合重要程度采用“★”数量表示，“★”数量越多，重要程度越高。

表 10-3　管线评估因素分析

指标项目	对管线结构安全的影响	重要度
管径	小直径的管线较大直径管线有更大的破坏频率	★★★★★
覆土厚度	深埋管线受破坏的可能性更小	★★★★★
荷载	荷载是导致应力破坏的重要因素	★★★★
环境腐蚀性	环境腐蚀为预测管线腐蚀的重要因素	★★★★
历史数据	大量的历史数据可用于预测管线结构状态	★★★★
壁厚	初始壁厚和残余壁厚可估计管线剩余寿命	★★★★
管龄	管龄可用于预测寿命，也能够反映管线生产安装年代的工艺、行业标准、运营需求	★★★★
管材	材性可预测管线腐蚀，材性退化会影响管土间摩擦	★★★★
管线位置	高路面荷载道路下敷设管线具有更高破坏率	★★★
保护层	保护层可以减轻管线腐蚀作用的影响	★★★
接头	接头的不正确安装会导致渗漏	★★★
管长	长的管线更倾向破坏	★★
温度（内）	当管线中的水由于低温而密度较大时，管线更倾向于破坏	★★
温度（外）	霜冻和冻融循环可引起管体温度应力，高温会加速腐蚀	★★
土体性质	黏土中敷设的管线比粉土中敷设的管线事故率高	★
地下水	管线的腐蚀与地下水有关	★
安装工艺	节点安装工艺不良导致管线的早期破坏	★

2. 评估模型

利用工程风险分析理论，采用多因素综合评估法构建供水管线结构安全风险评估模型，通过对影响供水管线安全的因素对比及重要度分析，筛选有关管线结构安全的重要影响因素。采用层次分析法(AHP)分别构建了目标层、因素层、指标层以及其评分项目和评估等级，建立管线结构风险评估模型，如图 10-35 所示。

考虑到管线结构破坏由自身不安全的受力状态、管线抗力衰退、环境区域的影响，将管线结构的风险因素归纳为“荷载变形”“时间效应”“环境效应”二项，构建共 3 个大项的风险因素，同时建立风险因素的子评估项目，细化为 10 项基本评价指标，基本涵盖了供水管线结构安全性能主要指标。模型结构如图 10-35 所示，其中：

（1）管线荷载因素指标 S_L， 包括埋深 h 、管径 D 、管压 P 、管材 M 、温差 T 和道路荷载 L ；

（2）管线时间效应指标 S_T ，包括管龄 A 和历史事故 H ；

（3）管线环境效应指标 S_E ，包括土壤腐蚀环境 E 和区域扰动影响（区域活动密集程度）R 等。

图 10-35　城市供水管线结构安全风险评估模型

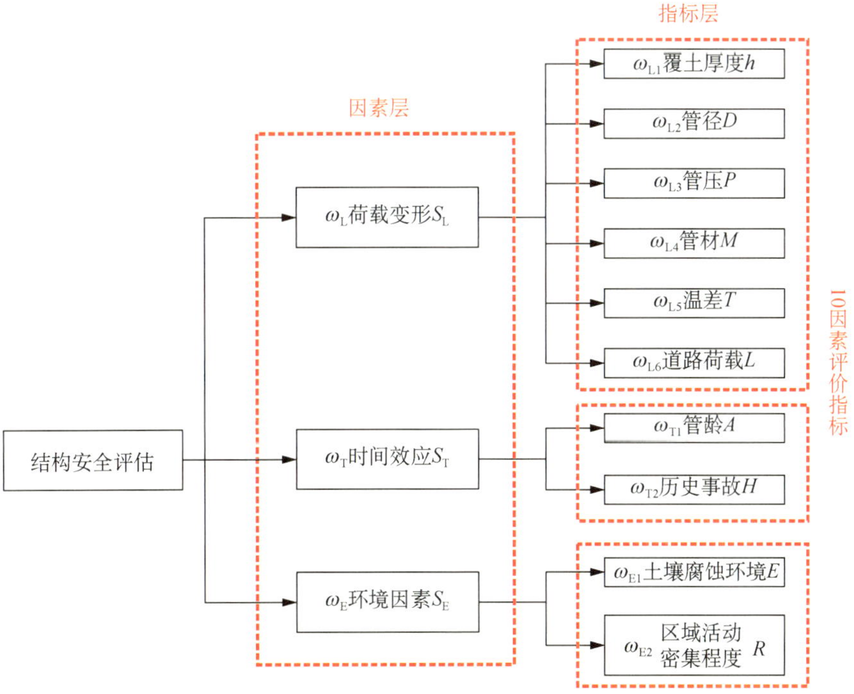

采用指数评分法，将模型中影响供水管线结构安全的 10 项评价指标量化为对应的评价分值，对各个风险要素评估项目进行数据采集与评分，赋予各风险要素相对权重，得到目标层综合评分，表征供水管线风险。具体计算过程如式(10-2)—式(10-7)所示。

$$G = \Sigma\omega_i \cdot S_i = \omega_L \cdot S_L + \omega_T \cdot S_T + \omega_E \cdot S_E \tag{10-2}$$

$$\omega_L + \omega_T + \omega_E = 1 \tag{10-3}$$

$$S_L = \omega_{L1} \cdot h + \omega_{L2} \cdot D + \omega_{L3} \cdot P + \omega_{L4} \cdot M + \omega_{L5} \cdot T + \omega_{L6} \cdot L \tag{10-4}$$

$$S_T = \omega_{T1} \cdot A + \omega_{T2} \cdot H \tag{10-5}$$

$$S_E = \omega_{E1} \cdot E + \omega_{E2} \cdot R \tag{10-6}$$

$$\Sigma\omega_{Li} = 1,\quad \Sigma\omega_{Ti} = 1,\quad \Sigma\omega_{Ei} = 1 \tag{10-7}$$

式中 ω ——指标权重；

S ——各项指标的评分，分值为 0~10。

3. 评估指标量化

基于上述指标形成的管线风险评估指标体系，建立各项指标的评分准则，每项评分表示该项指标导致事故发生的可能性及其影响程度，利用工程定量风险评价(Quantitative Risk Analysis，QRA)模型定量评价事故的发生概率。

不同评价指标通过力学计算、数值分析或参考规范指标等方式，确定指标评分标准。例如，管材根据不同管材的力学特性，金属材质的管线材料强度与其敷设的腐蚀状况密切相关，塑料材质的管线性能与初始敷设条件及其自身老化密切相关等，对供水管线中经常使用的特定管材种类进行评分。埋深则考虑国内供水管线埋深范围，参考《管线风险管理手册》确定评分指标。管线运行压力则参照供水管线设计规范与标准，在存在漏损的情况下，管线运行压力与漏损量成正比，运行压力越大，管线漏失率也越高。道路荷载则依据《公路桥涵设计通用规范》道路等级分级评分。管线因周边环境温变导致管体产生温度应力，以管线铺设时的环境温度为基准，计算管线所处环境温差变化值。

不同因素的评分按照其指标数值等级与管线事故概率打分，评分分值在 0~10 分，分值越高表示该指标对管线安全影响越小，分值越低表示该指标对管线安全影响越大。

4. 评估指标权重

模型中指标因素权重的确定是影响模型准确性的关键要素，为保证指标权重的合理性，需要针对被评估管网特点进行综合确定，可采用层次分析法、专家调查法等主观赋权法和主成分分析法、熵值法等客观赋权法获取因素指标的目标权重。

其中主成分分析法是一种客观赋权法，将管线事故的多个因素按照相关性排序，提取出导致事故的第一主成分因素、第二主成分因素等，采用各个因素对结果的贡献率表征模型中指标因素的权重。通过计算每个综合因素相应的信息量来确定权重。

5. 风险分级标准

城市供水管线结构安全风险评估等级标准，将供水管线风险划分为5个级别，如表10-4所示。

表10-4　供水管线结构安全风险评估等级标准

风险等级	风险程度	风险描述	风险对策
Ⅰ级	安全	管线处于优良状态，突发意外的环境影响	满足预期功能需求
Ⅱ级	低风险	管线总体满足现状要求，部分存在结构安全隐患	基本满足现状要求
Ⅲ级	中度风险	管线已有一般劣化迹象，部分在状态和功能方面存在明显的缺陷，潜在风险加剧	引起重视
Ⅳ级	高风险	管线发生严重的劣化，直接影响其结构安全与运行功能	风险排查
Ⅴ级	危险	具有普遍的恶化迹象，随时发生故障或事故的风险	无法实现预期功能

10.5.2　城市排水管线隐患评估体系

《城镇排水管道检测与评估技术规程》（CJJ 181—2012）对管道的结构性缺陷和功能性缺陷进行分级评分，计算管段损坏状况参数和管段运行状况参数，确定管段的修复和养护等级。

结构性缺陷指标包含破裂、变形、腐蚀、错口、起伏、脱节、接口材料脱落、支管暗接、异物穿入、渗漏；功能性缺陷指标包含沉积、结垢、障碍物、残墙、坝根、树根、浮渣。

基于地下管线普查数据成果、基础地理信息数据、城区用地规划数据，结合人口、经济区域面积等社会经济数据探索性地确定了地下排水管线评价指标。采用 GIS 空间分析、系统综合评价等方法，建立算法查找排水管线结构性隐患点，构建排水管线现状、隐患管线现状的评价模型，整合评价数据体系，确定评价指标及计算因子，整合统计各评价数据，进行排水管线的综合分析与评价。具体流程如图 10-36 所示[2]。

图 10-36　排水管线隐患评价分析流程

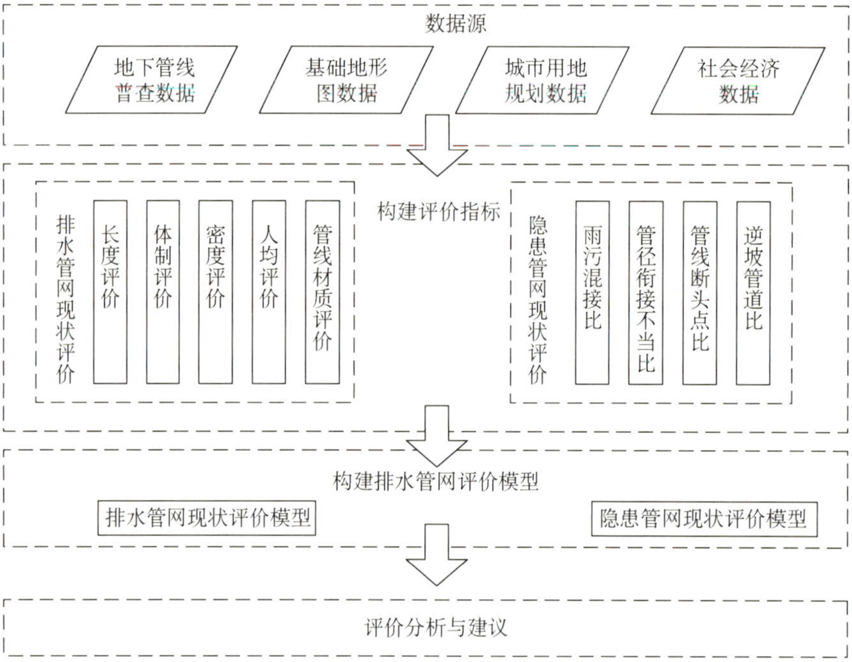

10.6　管线信息化新技术与应用

10.6.1　基于云计算架构的管线综合管理系统

采用云计算架构，对已建成的地下综合管线内外业一体化系统、地下管线监理与入库更新系统、管线综合管理与应用系统、管线规划辅助设计与辅助审批系统、地下管线共享与交换系统、地下管线档案管理系统等进行升级改造，为地下管线综合管理系统的用户提供资源可池化、用户可租用、站点可调度、使用可监控、服务可度量的地下管线信息服务。

10.6.2 基于 NB-IOT 的管线泄漏监测与预警

随着窄带物联网(Narrow Band Internet of Things，NB-IOT)、5G 通信技术及相关技术在城市范围内的覆盖及应用越来越广泛，NB-IOT（窄带物联网）已经成为万物互联网络的一个重要分支，与基于 GPRS 的远程监控、基于 ZigBee、Zig-Wave 等协议的监控、基于 SCADA 系统的监控等传统监测方式相比，且具有超低功耗、超大连接、超强覆盖、超低成本等特点，这些特点非常适合埋设在城市道路地下、海量地下燃气管线的监测与预警。

基于 NB-IOT、地理信息系统技术等，开发地卜管线泄漏监测与预警系统，实现地下管线运行状况和健康状态等信息的实时监测，从而实现如给水管线的水压、流量、流速监测，排水管线的水压、流量、流速监测，燃气管线的压力、温度、流量、气体浓度监测，热力管线的气压、流量、温度监测，电力管线的电流、电压、功率监测，工业管线的压力、流量、温度监测等，涵盖监控数据访问服务、报警规则设置服务、故障报警服务、警情管理服务、监控数据可视化等。

10.6.3 地下管线信息的高性能计算与分析

随着地下管线空间数据、实施运行监测数据、地下管线档案管理数据的日积月累，地下管线信息具有海量、时空数据特征，传统地下管线综合管理系统无法满足需求：在存储管理方面，传统地下管线综合管理系统关系型空间数据库的集中式存储严重依赖单机性能，极大限制了存储能力的可扩展性，无法支撑海量时空数据的低延迟存取、高并发访问；在处理分析方面，传统地下管线综合管理系统的计算模式采用串行分析算法已无法满足海量时空数据的实时处理分析需求，不能充分发挥当前新型并行模型/框架的优势，从而严重限制了管线数据的利用效率和对外服务能力。

因此，基于时空索引降维技术和并行空间计算技术，基于地下管线时空大数据引擎，开发面向地下管线全生命周期管理的地下管线智能化综合管理系统，实现百万级、千万级、亿万级地下管线空间数据、属性数据以及实时监测数据的秒级浏览、查询、统计与分析等已迫在眉睫。

10.6.4 复杂环境下的管线综合规划辅助设计关键技术

城市地下管线综合规划需开展地下空间资源调查与评估，制定城市地下空间开发利用规划，统筹地下各类设施、管线布局，并应加强与地下空间、道路交通、人防建设、地铁建设等规划的衔接和协调。城市管线是维持城市健康稳定运行的前提，是市政设施的重要组成部分，城市地下管线安全问题不容忽视。因此，对城市管线必须合理规划、统筹协调，以保持城市“血脉” 畅通无阻，保证地下管线按规划实施，确保地下空间资源可持续发展。重大市政工程建设项目普遍具有内容多、任务重、时间紧的特点。在其实施过程中往往涉及众多现状及规划管线的搬迁和落实，而现今的管线搬迁难度不断加大、搬迁费用逐步提高，这在很大程度上影响着项目的推进和工程的费用。为此，管线综合规划尽早参与并融入整个工程设计的过程中，在与工程方案充分磨合的基础上，制订一个科学合理的管线综合规划方案，以指导相关管线工程的实施。这对于保证工程质量、提高工作效率、节约建设资金、合理利用空间显得尤为必要。

因此，分析管线综合面临的各项复杂条件，对现有管线进行摸查，分析规划管线容量需求，建立管线三维模型，在建立管线三维数据的基础上，梳理横向和纵向条件，对地下空间开发等进行综合分析，确定需避让和可迁改的管线类别，对影响管线迁改的因子进行分析，并从多维角度对重要因子和一般因子进行判断；进行管线迁改价值分析，需评估现状管线迁改的可能性，并从经济、生命线等角度分析迁改的价值；最后借助三维模型，在管线迁改方案确定后，结合各种因素，考虑规划管线的布置，明确平面定位和竖向标高定位，统筹有限的地下空间资源，以达到更优的管线综合规划设计方案，形成复杂环境下管线综合规划体系和方法。

对策篇小结

针对城市供水与排水管线安全问题，我国已经从政策指引、标准规范和科技研发等方面形成了较为全面的应对策略，并开展了大量实践，为保障城市供水与排水管网安全提供了一定支撑。

然而，目前我国在供水与排水管网安全方面仍然面临自主创新技术缺乏、技术装备落后、技术与管理标准体系不健全等问题。需要针对我国国情与供排水管网特征，面向我国供排水管网面临的问题与挑战，开展新技术研究、新装备研发、标准规范制定，并在此基础上大力开展行业实践应用，通过应用提升技术研发，彻底改变供水和排水管网"家底不明、现状不清、信息不全、手段落后"的现状问题，通过发展供水与排水管网健康诊断与修复技术、风险评估与智能监管等关键技术与装备，提升城市供水和排水管网系统的安全。

参考文献

[1] 中华人民共和国住房和城乡建设部.城镇供水管网分区计量管理工作指南——供水管网漏损管控体系构建(试行)的通知:建办城〔2017〕64 号[A/OL].[2017-11-10].http://www.mohurd.gov.cn/wjfb/201710/t20171023_233687.html.

[2] 李晓静,胡本刚,陈勇,等.城市地下排水管道隐患评价探索研究[J].城市勘测,2018,167(S1):298-303.

借鉴篇

Case

2018 Report on China Urban Underground Pineline Development | Water Supply and Drainage | **Chapter** D

11 行业发展的总体趋势

城市地下管线系统是城市安全高效运行的“生命线”。作为城市基础设施的重要组成部分之一，城市地下管线系统的运行状况是否安全、平稳、可靠、高效，直接关系到各类物资、信息的输送传递，关系到整个城市环境的维持与城市灾害的防治。为保障管道的日常运维安全，地下管线行业在过去的十几年中，是以地下管线普查为主旋律，在信息技术的引领下，推动着管线信息化建设的快速发展。同时，带动了地下管线非开挖技术、探测技术、损伤检测技术、负载漏损监测技术、软件开发技术等服务项目的发展。地下管线的建设和运维作为一项系统工程，涉及到政府管理层、规划设计单位、建设单位、管线权属单位、相关技术服务产业单位以及普通公民。因此，目前全球正在逐步建立并完善多层次的管道法律法规体系，逐步建立对接政府、企业和用户共同参与的管线信息与风险管理系统，对管道安全管理中的权力和职责进行严格规范。自 2009 年以来，加强城市地下管线日常管理，开展城市地下管线的信息化建设，以及进行地下管线的运行安全状态评估，正成为全球性的趋势。

城市地下管线的发展迄今已有几千年历史，最早的建设可追溯到古罗马时期。公元前 6 世纪，伊达拉里亚人使用岩石砌成渠道系统进行排水，其中最大的一条渠道截面为 3.3 m×4 m，从古罗马城广场一直延伸到台伯河，伊达拉里亚人采用渠道系统，将暴雨造成的洪流从古罗马城排出。近现代意义上的地下管线建设最早则可以追溯到 1662 年的法国。当时，路易十四在下令建设凡尔赛宫时，他的工程师 Arnold DeVille 为其建造了一条长达 20 km，直径为 500 mm 的灰口铸铁供水管道。此后，经过几百年的探索、研究、改良和实践，国内外城市地下管线的制造、施工、设计与管理技术逐渐成熟，并在许多城市得到广泛的应用和极大的发展。目前，地下管网系统已成为发达国家城市市政建设管理的现代化象征，是城市公共管理的关键组成部分。随着地下管线的年久腐蚀、老化等问题的出现，全球地下管网系统面临诸多问题和挑战。

1. 欧洲城市管网发展概况

在欧洲中部，水务公司正面临350万km供水管网系统因腐蚀、老化带来的漏损、爆管问题，每年欧洲大约需要耗资200亿欧元修缮和改造大量的输水管道。在北欧，现有基础设施的维护一直是政府面临的关键难题之一。在地中海地区，各个国家正在寻求资金投入，以遵守《欧盟城镇污水处理指令》的要求，并更好地管理城镇水源。在整个巴尔干半岛地区，欧盟基金被用于污水处理厂的扩建。在英国、法国、德国、西班牙和葡萄牙等国家，如何更高效地投入资金进行管线的维修或更换，以满足供水服务、水质以及各项环境目标的指标要求，是他们当前面临的主要挑战。特别是在英国，政府的水司部门开始提倡使用高精尖的资产管理战略和维护体系，采用先进的智能检测手段和数据分析方案，解决无收益的水问题，以改善经济和环境的可持续性协调发展。这些欧洲国家作为城市地下管网界的先行者，正引领着欧洲的智慧水务革命。

2. 美洲城市管网发展概况

在美洲地区，北美的水务基础设施也进入了老化、退化阶段，由于地下管道破裂造成供水中断以及洪水泛滥的问题日益增多。2012—2018年，北美的爆管事故发生率增长了27%，平均每年每百公里发生爆管事故达7~9次。由于逐渐老化和退化的地下管网系统严重威胁整个地下工程系统的完整性，影响地下管网系统的输水量、压力以及水质等，因此，美国土木工程协会（ASCE）开始对地下管网的日益恶化广泛关注。

2009年，发布了《美国基础设施评估报告》（以下简称《报告》）。《报告》指出：美国的供排水基础设施评估结果为D^-级，直到2017年才提高至D级。2016年和2017年，美国水行业协会（American Water Works Association，AWWA）将逐渐老化的地下管线问题纳入到其年度报告中，详细分析并解释了地下管线问题的现状、发生原因和发展趋势。研究显示，该地区的平均爆管事故率（不算原因）通常在每年每百公里13~17次。因此，该地区75%的水司将爆管作为管线更换的一个重要评判指标，其他常见的指标还包括管龄（45%）、低流速（40%）、管线状态或管材（30%），以及管径更换（30%）等。根据美国环保局的一项调查统计显示，2011—2030 年，在水力基础设施方面，美国政府需要投入 3 842 亿美元，其中，2 475 亿美元将用于水管的翻新和更换，而根据美国管线与危险物质安全局的统计，美国近 20 年来发生的管道事故，已造成 362 人死亡，1 397 人受伤，损失金额超过 7 亿美元。

11.1 地下管线信息化建设

地下管线信息化建设是保障管网日常运维安全的基础。在过去的 20 年里，全球各国大多数水司都意识到追溯其管线资产各方面数据的重要性，因此陆续开始进行地下管线的信息化建设，将数据集成到一个以管线 GIS 数据为核心的平台中，包括管材、管径以及维修历史记录等信息。近年来，越来越多的数据和分析工具被纳入到该系统中，用于指导地下管线运维安全的管理。在我国，城市地下管线的信息化建设自改革开放以来也一直在进行当中，而且取得了很好的成绩，具体表现为：

（1）20 世纪 80 年代末，我国的部分城市开始进行地下管线的普查，通过多年的普查工作，对我国城市地下管线信息有了较为全面的了解。2014 年，国务院办公厅发布《关于加强城市地下管线建设管理的指导意见》，住房和城乡建设部等部门联合下发《关于开展城市地下管线普查工作的通知》，再次开展大规模的普查。全国 2 000 多家地下管线测绘资质单位参与到管线的普查工作中，获得了我国县级以上城市的地下管线数据，基本查清了城市范围内的地下管线现状。

（2）基本建立了城市地下管线信息化的标准体系。形成了地下管线信息采集、处理、质量检验与信息系统建设等各个方面的技术规范，明确了各类管线数据的数学基础、数据内容、精度指标、过程方法等，基本满足了地下管线信息化管理的需求。

（3）逐步形成了城市地下管线信息管理机制。当前，城市地下管线信息管理的难点在于权属复杂、多头管理、专用多用共存。因此，全国各个城市因地制宜，积极探索地下管线信息管理的办法和机制。在各种地方性法规和政府规章中，都明确了地下管线的信息管理内容，在地下管线信息采集、资料汇交、成果使用等各个方面都取得了较好的效果。

（4）成立了地下管线信息集中管理机构，推进和发挥了地下管线信息的社会化应用。近年来，越来越多的城市认识到地下管线信息的重要性，因此陆续成立了地下管线管理的专职机构，负责地下管线管理和管线的信息化建设工作。

（5）城市地下管线信息化的管理平台在加强地下管线设计、施工和运行管理方面发挥了重要作用。管线权属单位建立的专业地下管线信息化管理平台，积极服务于企业的信息化建设，与企业 OA 系统、MIS 技术、BIM 技术等有机结合，在管线资产管理、安全应急、智能收费等环节发挥了重要作用。

（6）形成了一批专业的、有实力的从事地下管线信息生产、软件开发的作业队伍，地下管线的信息生产已经成为测绘地理信息企事业单位重要的业务来源之一。

但是，目前的城市地下管线在制度建设、综合管理、规划设计、施工建设、运行维护、信息化建设等方面还存在许多问题。这些问题，一方面是因为城市地下管线管理涉及的部门多，统筹难度大，需要逐步推进，另一方面也说明地下管线在管理过程中，利用信息化进行高位统筹、深度应用、综合协调等方面还不到位，许多环节还不能满足管线业务和城市精细化管理的要求，迫切需要新的思路来解决这些矛盾和问题。因此，在进一步进行地下管线信息化建设的过程中，要强化数据的作用，用数据管理，用数据决策，用数据服务，并结合多测合一和新型基础测绘等，加大城市地下管线信息数据采集与更新。同时，发挥平台作用，深度依托智慧城市和互联网+、物联网等新兴技术，使城市地下管线信息化管理更加智能、协同，使信息化管理转型升级。随着科技的不断发展，信息化、智能化、网络化、大数据、云计算、物联网等新技术成为实现地下管线信息化管理的重要支撑，在地下管线综合管理中起决定作用。地下管线的管理必将实现由传统的被动、事后、离线、分散的管理模式，走向基于大数据支撑的主动、在线监控、集中、共享的信息化、智能化新型管理模式。可以预见，未来地下管线的信息市场正在形成并加速增长。无论是传统的地下管线普查类项目，还是监测、运维的信息化项目都有很大的市场潜力，地下管线信息为城市服务的领域还在不断拓展。测绘地理信息生产单位面对未来地下管线市场，需要不断提升技能水平、装备水平和人才实力，来满足地下管线行业信息化管理转型升级的需要，满足地下管线市场发展的需要。

11.2 地下管线状态评估

地下管线的运维状态评估是保障管网日常运维安全的核心。近年来，全球各国的水司大多从管道状态评估开始着手，从桌面分析到现场实施，逐步推进。作为管道状态评估重要的第一步，地下管线状态评估主要通过直接或间接的技术手段采集数据信息，并对数据加以分析，判断管道的物理状态特征，分析管道物理状态对管道泄漏、爆管或失效导致供水中断产生的影响及影响范围。管道状态评估的手段主要包括桌面分析和现场实施两类。桌面分析依赖于设计文件、员工认知、信息系统、行业经验和其他可用资源产生的现有信息，其通过在没有现场实地考察信息的情况下，判断或识别管线的状态；现场实施则分直接观察或间接观察，还包括检查管道状态和管道周围信息。除此之外，管道状态评估还可以引入一系列先进的检测手段，实现对管网的全面状态评估。

管线状态评估成果可为水司及管理单位做出资产管理决策提供基础信息支持。评估的信息有利于给出更有说服力的决策，降低供排水管网的日常运维风险。当前，许多管理单位希望通过高效的资产更新计划，提高日常管理水平，实现管网资产投入的最优化。但当前的管道状态评估对于水司和管理部门来说还远远不够，了解管网的资产状态、识别管网失效风险、建立基于风险管理的资产管理策略对于水司及管理部门来说是最为重要的。而基于风险的资产管理策略的第一步工作是要了解系统的基本状况，分析并确定哪些区域可能需要针对性的修复、更换或实施检测、监测手段，并掌握管网状态的变化。因此，开展基线风险分析是地下管线状态评估的关键环节。基线风险分析是一项基于数据采集的桌面工作，用于确定管道优先级划分的行动计划，帮助业主将资源集中到处于高风险等级的管线上。基线风险分析需要将现有信息和开展基线风险分析所需的信息进行 比对，这 数据可用性和完整性分析可对已有的管线相关信息和目前尚无的信息进行总结。在此基础上，若管道局部或者区域性破裂的维修成本、不同管材和管径的管道更换或修复成本等信息可用，风险分析模型可得到进一步优化，因为这些信息能够改进资金需求预测的准确性。基于上述获得的基础信息以及补充的管道检测采集的数据，导入到地下管线风险评估模型，可得出设施失效概率

（LOF）和设施失效后果（COF）。其中，COF 是从环境、社会和经济角度考虑设施失效造成的影响，LOF 则是由管线状态评估结合环境数据和管道历史数据得出的。COF 和 LOF 的乘积即管道风险。

12 国际案例借鉴

12.1 供水管网运维安全管理：北美城市的实践

供水管网的全生命周期管理是城市供水管网系统管理的发展趋势。北美城市在这方面的实践经验可为我国的行业发展提供借鉴。目前，在全生命周期管理实践中，传统的方法主要依赖于桌面分析，即根据管龄、爆管频率或管线折旧方法更换管道。然而，这种方式非常粗略，容易出现还具有使用寿命的管线就被换掉的浪费情况。因此，动态的、基于管线风险管理的数据收集及分析是更经济有效的方法，能够提高管线修复及更换的资本投入效率，在有限的资金投入下有针对性地进行管网的维护、升级和改造。

美国圣地亚哥水务局近年来采用先进的管线评估方法和数据可视化工具，开展供水管网系统的全生命周期管理。管理结果表明，这种动态的、基于风险管理的策略可以提高管线寿命的预估精度，增加主动型维修的次数，提高管线修复计划的效率。

作为圣地亚哥唯一的供水单位，圣地亚哥水务局的供水面积为 3 700 km^2，供水人口 300 万人，负责运营和维护 480 多 km 的大口径管线，管线口径大多为 1 200~2 800 mm，管材主要包括焊接钢管、预应力钢筒混凝土管（PCCP）、钢筒形条绕的混凝土压力管（BWP）和钢筋混凝土管（带钢筒和不带钢筒）。

1991 年，当地水务局即启动了对所有管线的全面评估项目，目标是避免突发性的爆管，通过调查、检测和监测，了解管道现状，采取指定性的管线维修和更换措施，达到延长管道使用寿命的目的。起初，圣地亚哥水务局从目视法和敲击法开始，然后逐步应用多项先进的状态评估技术，分阶段陆续展开地下管线的全面评估。包括：

（1）1992 年开展腐蚀调查，于 1997 年 12 月完成第一阶段评估。

（2）1999 年采用电磁法检测技术检测 PCCP，得出 PCCP 管道的断丝情况。

（3）2001 年 4 月启动第二阶段评估。

（4）2003 年 3 月安装 6 个水听器阵列，在 2006 年为 79 km 的 PCCP 安装了 AFO 声监测系统，监测管道断丝变化情况并提供预警。在安装水听器阵列期间，水听器阵列接收到不同于断丝也不同于正常管线运行的异常声信号。在接到警报通知后，当地水务局立即派人到现场，发现有挖掘机在管道上方开挖作业并及时加以阻止，避免了一次第三方引起的破坏。

（5）2011 年采用 MFL 漏磁技术检测了金属管道。

在整个评估过程中，AFO 管道断丝监测预警系统的成功应用是供水管网全生命周期管理实践的亮点之一。在 AFO 管道断丝监测预警系统开发成功面世后，2006 年 3 月，圣地亚哥水务局当即启动安装该监测系统。此后，从 2006 年 5 月 7—15 日期间，该系统连续监测到共 36 根断丝，完整记录了断丝的监测记录过程。到 2009 年 5 月，圣地亚哥水务局共安装了大约 70 km 的 AFO 监测系统，至 2011 年 10 月共检测到约 760 次的断丝事件。当地水务局将出现断丝的管道位置、断丝数量在 GIS 地图上标示，如图 12-1 所示，并采用不同颜色组成的柱状图反映不同管段、不同管材的状态情况，如图 12-2 所示。

先进的地下管线状态评估技术提供了丰富的数据和信息，但信息量过大导致数据和格式无法合理管理。因此，圣地亚哥水务局引用了一套先进的方法收集并管理数据，涵盖图纸、电子记录及 GIS 地理信息。目

图 12-1　PCCP 监测管道断丝数量变化图

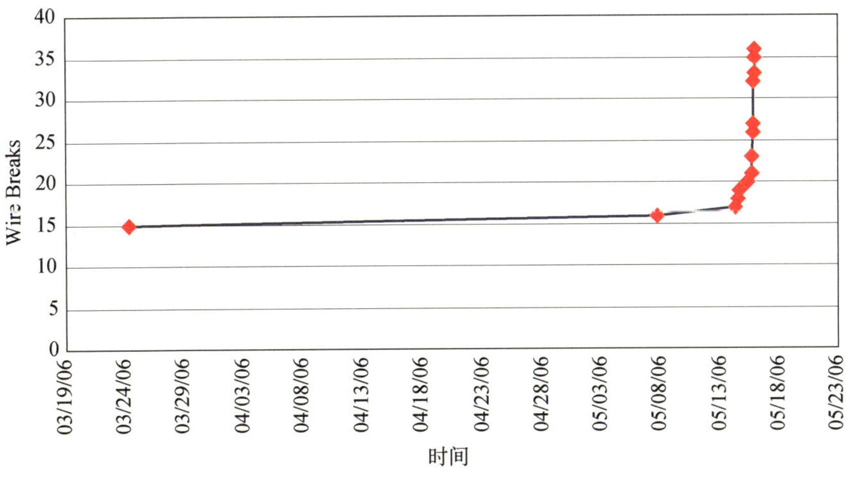

图 12-2　管网风险等级图

前，圣地亚哥水务局内部开发了定制软件平台，把所有不同类型、不同来源及不同存储位置的数据接入到同一界面做简化分析，可以在谷歌地球环境下打开并直观显示所有的数据信息，然后利用彩色柱状图，在地图上反映管道的腐蚀情况及 PCCP 的断丝情况。随着时间的变化及不断更新的评估数据、管道事故发生记录、管道更换信息导入，界面信息会随时发生变化。当管道故障发生时，也能够通过界面图中不同颜色标记及时反映故障发生的位置。

圣地亚哥水务局采用的这套基于风险的资产评估管理方法投资回报率高。对于 PCCP 管段，基于评估数据显示没有立即维修必要的，水务局将原计划投入的 2 亿美元资金推迟投放；根据评估反馈结果，在部分有严重腐蚀的管线区域，水务局采取积极措施修复管道，延长管线的使用寿命，其成本远低于直接的、简单的换管。例如，一段 16 km 钢管运行年限已超过 55 年，对其内检测结果显示管道有几处凹陷，超出偏差范围 10%，而且管线并未做阴极保护。水务局原计划分段将此管线全线更换，但通过状态评估数据分析显示，只需要修复部分管段位置后，管道就能恢复正常运行状态。这一方法不仅帮助水务局最大化提高管道维修的投资回报率，而且在需要董事会或者高管支持其资产管理投资计划时，其计划和方案更有说服力。另外，集成了先进的数据评估和分析的管网风险评估平台还提高了水务局执行换管决策的准确度和整体规划工程施工额的精准度，帮助当地水务局在很大程度上优化了管网资产投资预算与成本规划。

12.2 排水管网运维安全管理：日本城市的实践

目前，国内排水管网系统的管理相比供水管网系统，其状态更为复杂，情况更为恶劣，管理更为困难。有专家认为，当前城市的黑臭水体治理，核心在排水管网；污水处理的提质增效，关键在排水管网；当前地下管线的工作重点和难点，也聚焦在排水管网；与发达国家相比，最大的差距也集中在排水管网。因此，借鉴国外先进国家的排水系统管理方案和相关技术，可为我国破解排水管网管理难题提供有价值的参考和指导。在排水管网管理实践方案，突出的有代表性案例的国家是日本。

日本是台风多发国家。20 世纪 50 年代末，日本的下水道系统十分落后。台风多伴随暴雨，暴雨袭来，道路变河道，地铁站变蓄水池。在东京，此类情况最为严重。因此，1992—2007 年，日本投资 2 400 亿日元(约合 140 亿元人民币)，在东京北郊琦玉县境内建设了名为“首都圈外郭放水路”的巨型分洪工程，如图 12-3 所示。该系统是世界规模最大、最先进的地下排水系统，支撑着日本首都东京的安全，因其长 177 m、宽 78 m 的调压水槽造型宏伟，而获“地下神殿”之美名。它全程使用计算机遥控，并在中央控制室进行全程监控。隧道连接东京市内长达 15 700 km 的城市下水道，通过 5 个高 65 m、直径 32 m 的竖井，连通附近的江户川、仓松川、中川、古利川等河流，作为分洪入口，将多余的水量最终排入东京湾。在隧道末端，则是一个高 25.4 m、长 177 m、宽 78 m 的大型蓄水池。地面上的水流入小河沟之后会排入竖井中，当竖井中的水储存到一定程度就会排到调压水槽中，调压水槽储存一定的水量之后，4 台燃气轮机驱动的大型水泵就会将水以200 m^3/s 的速度排入江户川，再排入大海。当水储存到一定量才会被排出去，意味着这个排水系统还有储水功能，因此还能有效避免旱灾，为旱灾做准备。“首都圈外郭放水路”巨型分洪工程具体的操作程序，如图 12-4—图 12-6 所示。此外，东京还设有降雨信息系统来预测和统计各种降雨数据，并进行各地的排水调度。利用统计结果，可以在一些容易浸水的地区采取特殊的处理措施。比如，东京江东区南沙地区就建立了雨水调整池，其中最大的一个池一次可以最多存储 2.5 万 m^3 的雨水。

图 12-3　东京地下管廊内部

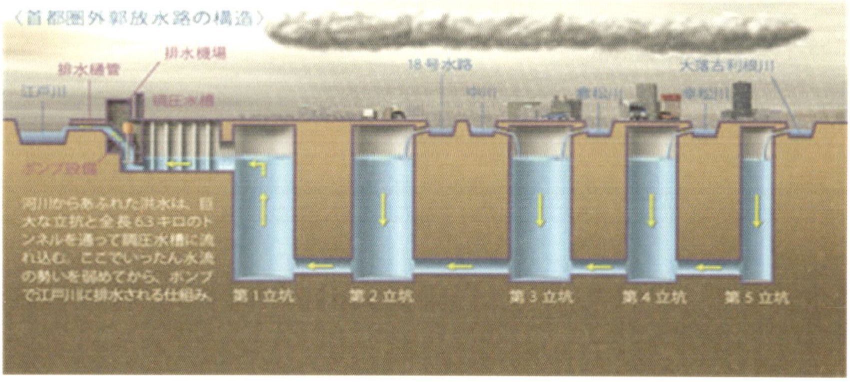

图 12-4　暴雨袭来时，从小河里溢出来的水通过下水道流向地下的立坑中

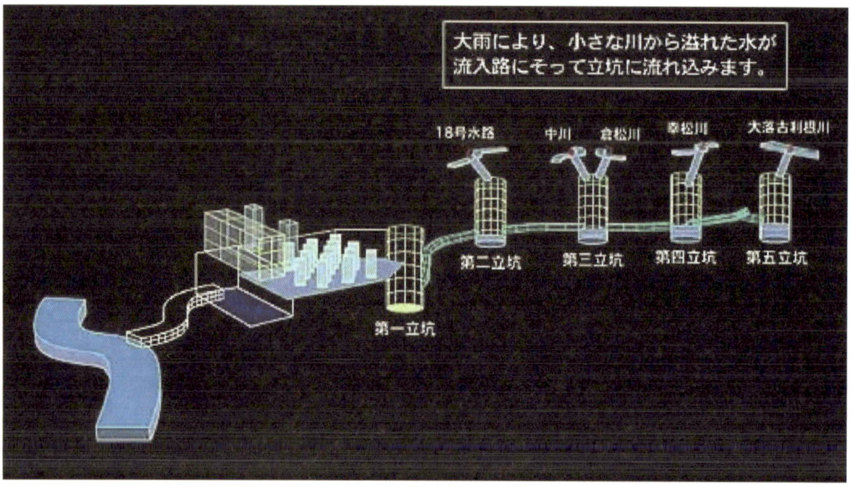

图 12-5　立坑中的雨水储存到一定程度后，经过地下的隧道，流入调压水槽中

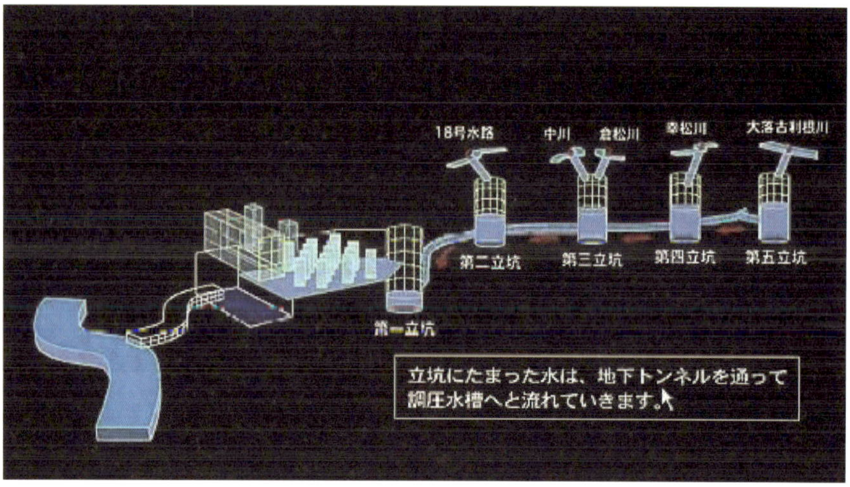

图 12-6　调压水槽内储存了一定水量后，排水泵打开，雨水排向江户川

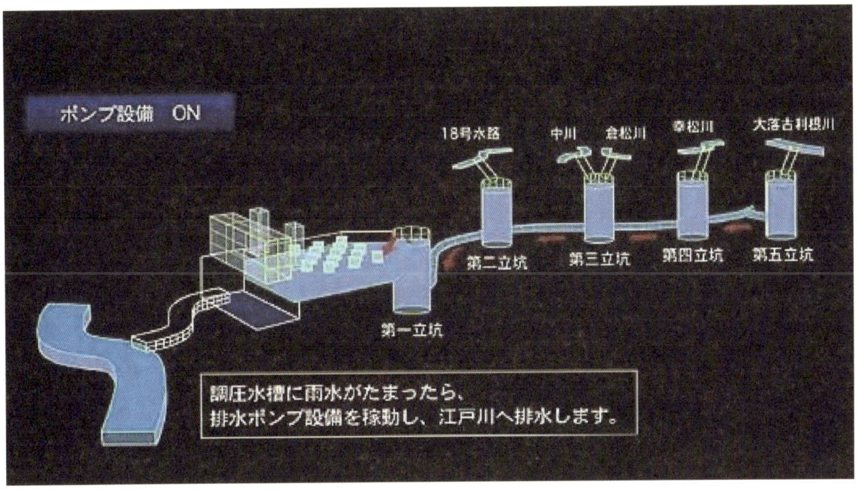

可见，巨型分洪工程的建设对于大型乃至超大型城市的排水、泄洪起着重要的作用。在这个排水系统建好后，日本暴雨季节受洪灾影响的房屋从以前的 41 544 家减少到了 245 家，浸水面积也从以前的 27 840 hm^2 减少到 65 hm^2，有效地防止了洪水对城市的进一步流入，大大缓解了东京因暴雨袭击而变得脆弱不堪的城市排水系统压力。截至 2013 年 11 月 1 日，“首都圈外郭放水路”每年运行 5～10 次，累计战胜了 75 次暴雨，历史最大流入量出现在 2008 年 8 月的暴雨之时，处理的洪水水量相当于约 2.5 万个 25 m 标准泳池。

12.3　地下管网系统信息化平台与智能化管控：新加坡的实践

完善地下管网系统的信息化建设和开展智能化管控是保障地下管网系统日常运维安全的基石。在这当中，新加坡是一个代表性的案例。新加坡作为一个城市国家，国土面积仅为 719 km^2，常住人口约为 553 万人，由于地理面积有限，新加坡对地下空间的开发利用是有详细规划设计的，即在地表以下 20 m 内，建设供水、供气管道；地下 15 m 至地下 40 m，建设地铁站、地下商场、地下停车场和实验室等设施；地下 30 m 至地下 130 m，建设涉及较少人员的设施，比如电缆隧道、油库和水库等。新加坡因为是世界上水资源最短缺的城市之一，复杂的供排水管网大多埋于地下，相对不易接近，对其结构进行监控也极具有挑战性。因此，保证管网的完整性对于为公众提供饮用水来说至

关重要。为此，新加坡国家水务部门 PUB 为支持管网运营所需的智能水网设定了愿景和要求。根据这些具体的实施要求和指南，在新加坡 6 个供水区部署了一套在线实时水力水质监测平台，作为智能供水系统的 I 期项目。该项目工程于 2013 年 12 月开始，包括部署 210 个传感器，用于收集供水网络水质、压力、流量和水声的实时数据。还包括采用 WaterWiSe 平台管理和分析从这些传感器收集到的数据以及来自自动化仪表的数据。其中，WaterWiSe 平台可提供许多数据分析工具，这些分析由应用程序驱动，包括对爆管/漏水或水质事件提供报警管理的综合报警系统、水力仿真、需水分析和预测、数据可视化的压力和水质热点总图，以及对滴漏事件进行记录和趋势分析的滴漏库等。具体来说，新加坡智能水网的开发、部署和应用主要包括：水网数据管理和分析；供水干管爆管监测和定位和供水干管压力评估。

1. **水网数据管理和分析**

水网数据通过 WaterWiSe 系统进行管理和分析，由 DataIntel 工具提供，是一套集 GIS、SCADA 和流量、压力、水质数据管理、分析、可视化于一体的综合解决方案。DataIntel 工具，集成了现有的众多数据源，例如 SCADA 系统、数据库、Microsoft Excel 文件、文本文件和 GIS 数据，它通过集成在 Google 地图上实现基于地图的可视化，如图 12-7、图 12-8 所示。DataIntel 还可用于建立和跟踪供水区液位度量。例如夜间最低流量和需求的变化，通过安全的 Web 浏览器界面、电子邮件和短消息 SMS，该工具会针对各种异常发送警告和通知。此

图 12-7 通过 DataIntel 提供 WaterWiSe 系统界面—传感器实时数据的可视化

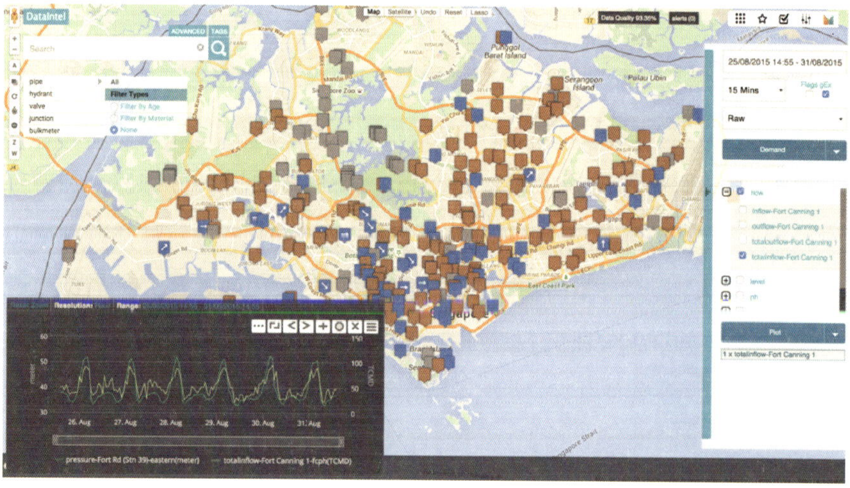

图 12-8 通过 DataIntel 提供 WaterWiSe 系统界面—GIS（地理信息系统）可视化

外，该系统还可与 ESRI 的 GIS 系统 ArcGIS 相连接并提供地图层。

基于 WaterWiSe 系统的 DataIntel 工具，PUB 的工作人员可建立多种实时分析和异常检测报警，例如对供区进行需求计算和预测，为水泵起停操作等提供参考，进行最低夜间流量和容量跟踪，实现滴漏监测、需求变化检测以及确定与天气的相关性等。同时，供水区可根据其区域边界用不同的颜色代码绘制，用户可在操作界面上基于不同区域实现这些分析评估。此外，也可计算出区域需求或夜间流量并完成可视化。如图 12-9 所示。另外，DataIntel 工具还提供了水质传感器的分析，例如提供校准计划表和漂移报警，结合单一标准下的各种水质检测，对较大地理区域范围内发生的水质事件进行空间相关性分析。监测的参数包括有 pH 值、氧化还原电位 ORP、电导率和浊度。通过 DataIntel 工具，可查看传感器记录的全网范围内的水质数据。如图 12-10 所示，DataIntel 工具可根据不同的数据对传感器进行对应颜色的标注。该界面提供了全网范围内的电导率或 pH 值变化的一览图。

2. 供水干管爆管监测和定位

管道爆裂一般是因管道的恶化条件随着时间的推移进一步加深，管道由于反复发生的压力瞬变、飙升事件以及腐蚀而不断遭受破坏造成的。管道压力的瞬变可造成埋管、管配件和管附件产生看不见的细小裂纹，甚至会造成严重的管道破裂。这种压力瞬变通常是由大客户的消耗活动、泵的启动和关闭、快速开关阀门、冲洗操作或开关消防水龙头等原因导致的流量速度突然变化造成的。因此，新加坡的 WaterWiSe 系

图 12-9　用水量计算、预测和可视化

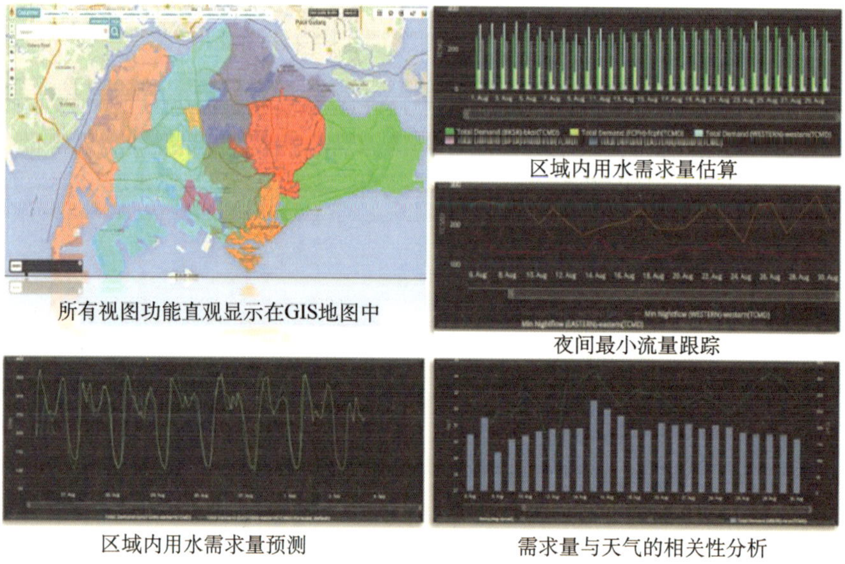

图 12-10　通过标注点不同颜色的变化实现水质可视化

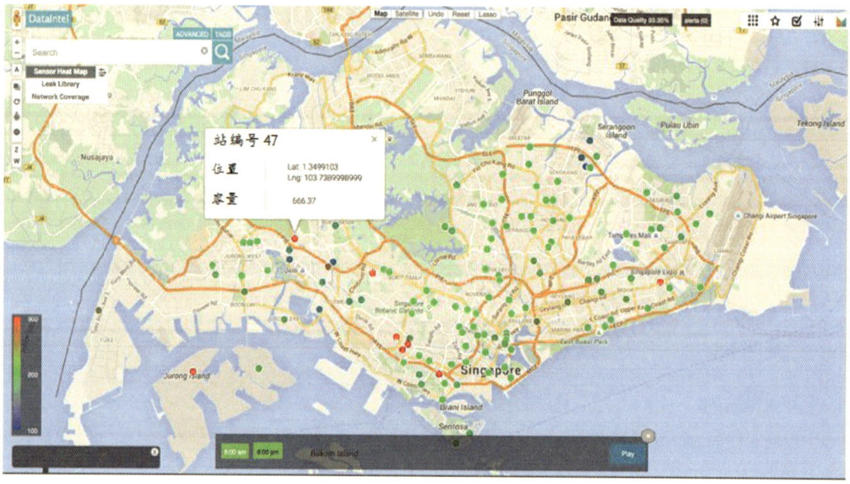

统提供了 LeakIntel 工具进行供水干管的爆管监测和定位。该工具是专门用于监测造成爆管的压力瞬变的系统，可在管道故障后立即通知 PUB 运营人员。与在夜深人静时采用最有效的声学听漏仪不同，LeakIntel 工具可提供 7 天×24 小时爆管监测和报警定位。通过对压力瞬变进行分析，LeakIntel 工具可适用于大多数管径和各种管材，例如石棉水泥管、球墨铸铁管、铸铁和铸钢管等。随着传感器网络在新加坡的扩展，在两年的项目实施期内，该系统共检测到 74 处总管爆裂，平均漏水速率为 2~5 L/s。如图 12-11—图 12-13 所示，显示了通过对压力瞬变分析的典型爆管监测事件。当发生爆管事件时，检测到压力急剧下降。此外，为最大程度地降低系统发出的误报警，LeakIntel 工具还提供了校验程序。一旦警报进入校验程序，事件检测软件即可根据大量的爆管模型和匹配逻辑进行排序，将较高的排名数分配给高可能性的爆管事件，然后控制室在每 7 天 24 小时内对警报进行确认，并通知相应的水务工程师，该过程如图 12-14 所示。

图 12-11　2014 年 11 月 10 日下午 04：25，检测到 300 mm 总水管爆裂的压力瞬变图

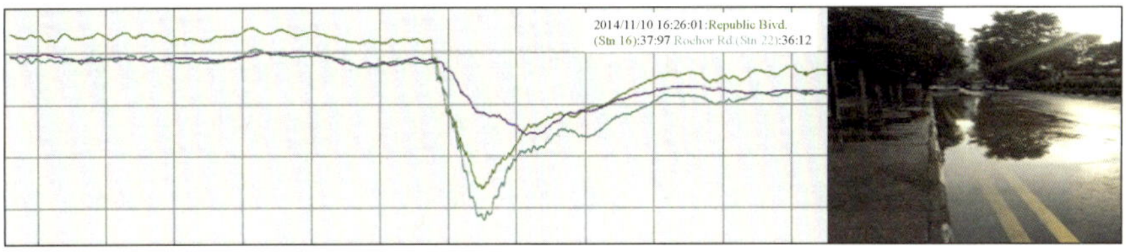

图 12-12　2015 年 4 月 2 日上午 04：46，检测到 800 mm 总水管爆裂的压力瞬变图

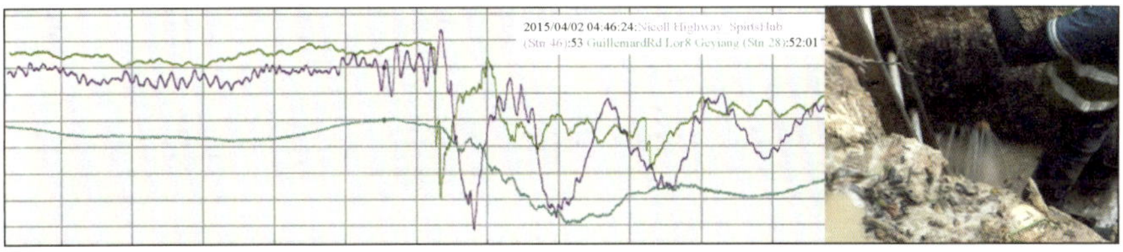

图 12-13　2015 年 4 月 2 日下午 05：09，检测到 150 mm 总水管爆裂的压力瞬变图

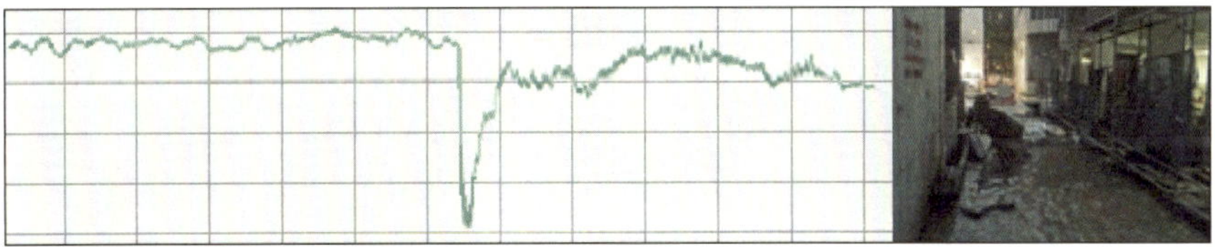

图 12-14　新加坡实施的爆管监测、分类和报警过程

需要指出的是，在供水干管的爆管监测和定位过程中，LeakIntel 工具的定位精度在很大程度上取决于可用 GIS 信息的准确度以及传感器设备搭载的 GPS 位置同步精度。一般情况下，在爆管发生时，系统可识别出管路的范围，这时水务公司需要进行现场勘察（勘察距离约 100 m）并确认管裂的具体位置。作为实时爆裂警报系统的一部分，控制室会将爆裂位置范围发送给水务工程师。因此，当由于 GIS 数据不全造成爆裂位置精度较低时，一般仍需要采用传统的勘察方法，即在 Visenti 建议的界定明确的小范围管段长度上，采用听音设备或声波探测仪查明准确的爆裂位置。为充分说明新加坡所实施方法的有效性，图 12-15 给出了 LeakIntel 系统实时监测和定位的一次管裂事件（漏水速度 3~5 L/s）。由图可见，在事件发生过程中，系统突出地显示了压力的瞬变警报。经过分析后，PUB 立即派现场人员前往泄漏地点，迅速高效地处理了此次事件，在收到警报后 2 小时内就解决了爆管问题。

图 12-15　系统检测到的管裂事件

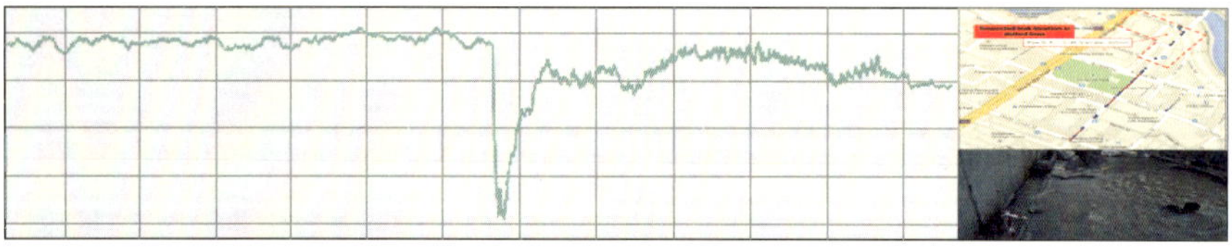

LeakIntel 工具可以实现供水干管爆裂的实时监测和迅速定位，但存在的问题是难以发现客户小尺寸连接管的滴漏（主要是直径 35 mm 的铜管），这种滴漏通常产生非常小的压力波动，很难监测。另外，系统检测不出来的其他事件是长时间慢慢形成的已存在的主水管滴漏，这种也不会产生压力的瞬变。因此，新加坡 WaterWiSe 平台还包括了声呐传感器，用于帮助检测又慢又小，但正在形成的漏点，这种漏点通常不会产生急剧压力瞬变，因此用压力传感器检测不到。系统采用的这些声呐传感器每小时对压力管范围内的噪声进行采样一次（每天采样 24 次），以检测随时间推移逐渐形成的泄漏。对较小的滴漏进行检测，同时有助于水司提早对管路的修复制订计划，并相应排出优先次序。然而，声呐传感器虽然可以将事件定位于一定的区域范围，但不能进行漏点的准确定位，仍需要对怀疑位置进行目标声学勘察，以实现准确的漏点定位。如图 12-16、图 12-17 所示，采用声呐检测出的缓慢形成的滴漏，其在滴漏浮出水面 2 天前检测到滴漏的早期迹象。

图 12-16　检测到的泄漏声音信号

缓慢形成的泄漏(新加坡)：8月6日监测到微小渗漏，8月10日10点，该漏点发生爆管

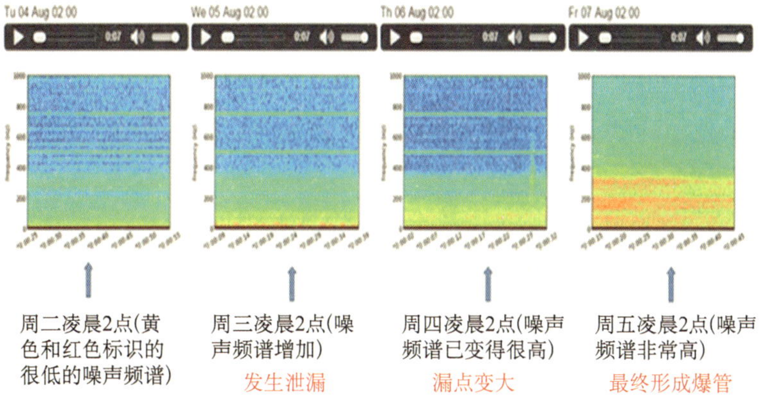

图 12-17　缓慢形成的滴漏声学能量图

3. 供水干管压力评估

及时检测、定位和最大程度地减少水锤事件，对于降低由于管材疲劳造成的管道故障是至关重要的。管材疲劳是指材料遭受反复压力等周期性加载和卸载应力时，造成的渐进性结构损伤。

最近几年，水务部门和学术机构针对这一课题，开展了大量工作。例如，国际水协会(International Water Association，IWA）水系统高效运行和管理的专家组在巴西圣保罗举行的 2010 年水损失会议上报告称，压力瞬变/水锤事件是导致管材疲劳的主要原因之一，在管道遭受连续的加载和卸载应力时发生。如果加载/卸载循环超出一定的阈值，

微观裂纹就会开始形成，并逐渐蔓延直至管道破裂。因此，新加坡 WaterWiSe 平台研发了 PascalView 工具，可以捕获和分析来自于部署在网络中的传感器的高频压力数据(每秒最多采样 256 次)。该数据每分钟向服务器传输一次，服务器采用机器学习技术检测管网中具有破坏性的压力瞬变。PascalView 工具不仅可以检测出异常的压力瞬变，还可以自动将其关联到各种管网活动，例如客户消耗、阀门动作等，并确定可能的瞬变原因，如图 12-18 所示。此外，PascalView 还可以利用多个压力传感器检测到的瞬变，并关联这些信号，在水网中找出这些瞬变的来源，将最可能的来源位置(泵、阀、客户消耗、施工等）报告给 PUB 的水网操作员，便于他们确定最恰当的补救措施。这些措施对于确保通过阀门的平缓操作、安装水锤抑制设备或其他相关方式缓解这种具有破坏力的瞬变是极其重要的，并因此避免管道故障，实现供水管网的预防性维护。图 12-19 为明显的压力瞬变活动造成区域内管道破裂的几个示例。

经过更长的时期，PascalView 工具可学习管网的不同区域所承受的不同压力分布图。当网络中的某一特定管段开始更频繁地经历更大、

图 12-18　PascalView 实时分类信号举例

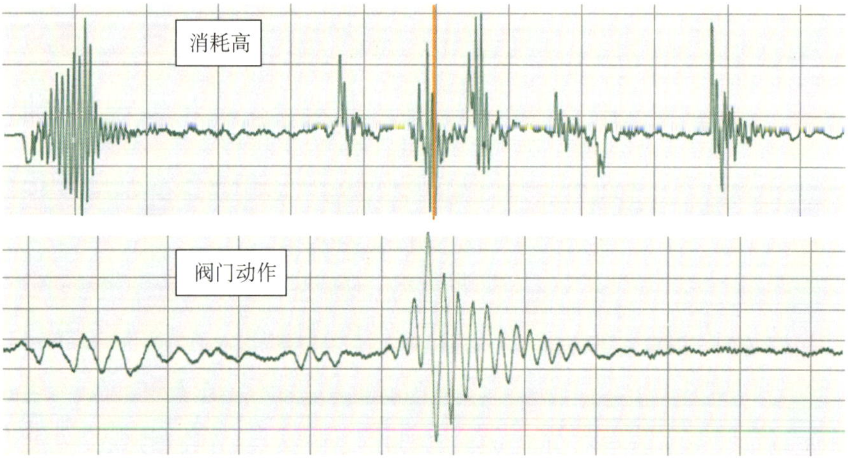

图 12-19　检测到多个地点高层办公楼反复发生的高振幅瞬变(压力飙升和水锤事件)

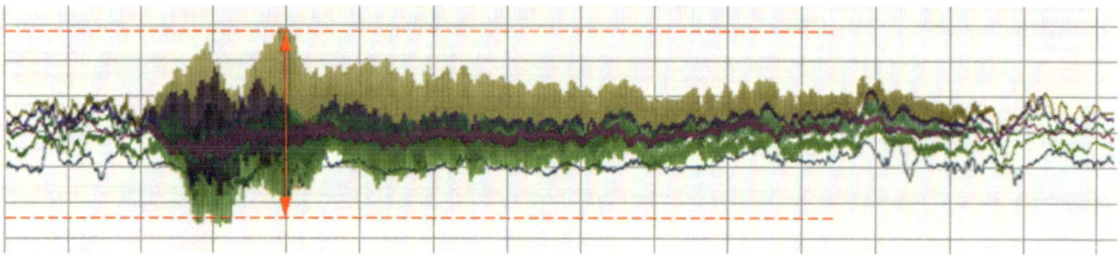

图 12-20 检测到由于建筑工地非常规性的用水引起的高振幅瞬变

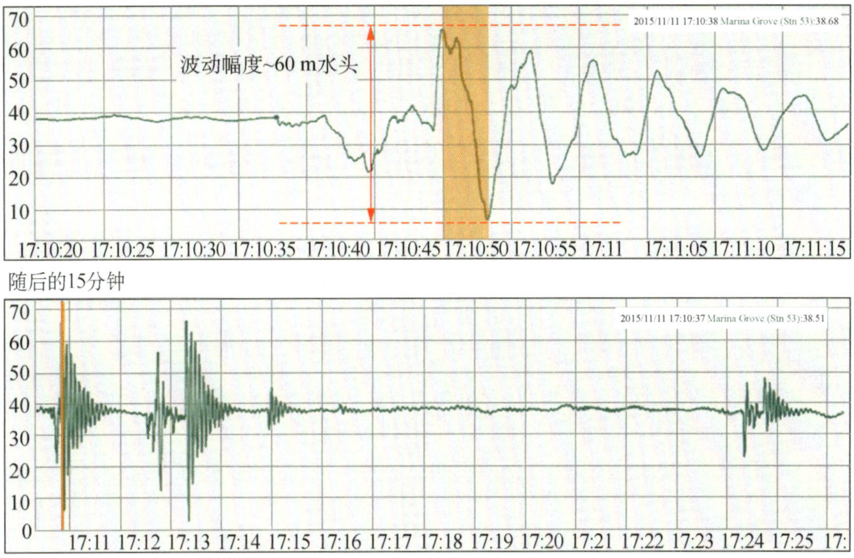

可能更具有破坏力的瞬变时，通过在线压力分析，有助于对这种情况引发的管道故障进行预测。这种压力分布图可以表明管道的应力加大，因而更容易导致管道失效。另外，该系统可以自动触发向供水工程师发送警报通知，向其提供未来几周可能出现管道故障的区域信息。这种早期预警对于水务公司降低与管网特定区域内伴随管道故障出现的相关风险至关重要。通过对压力瞬变的连续监测，PUB 一般至少可以洞察出三个重要方面的情况：

（1）客户的消耗活动是否引起了破坏性的压力瞬变；

（2）这些瞬变是否造成了管网任意部分的应力增加，尤其是老旧的铸铁管段（对管道破裂提供早期预警）；

（3）如果管道破裂，确定这是否与该地区的泵操作或其他瞬变相关活动有关。

13 国内案例借鉴

13.1 供水管网全生命周期管理实践

近年来，伴随物联网、大数据和云计算等新技术的兴起和应用，国内各大城市的水务管理部门正逐步推进供水管网系统的全生命周期管理方案。

案例：上海市

以上海为例，上海的主干供水管网由规模庞大的供水管道及其节点组成。根据上海市供水监测中心提供的数据，截至 2018 年年底，上海市全市的供水管网总长度为 14 014 km，如图 13-1 所示，共有供水管

图 13-1 上海市供水管网分布图

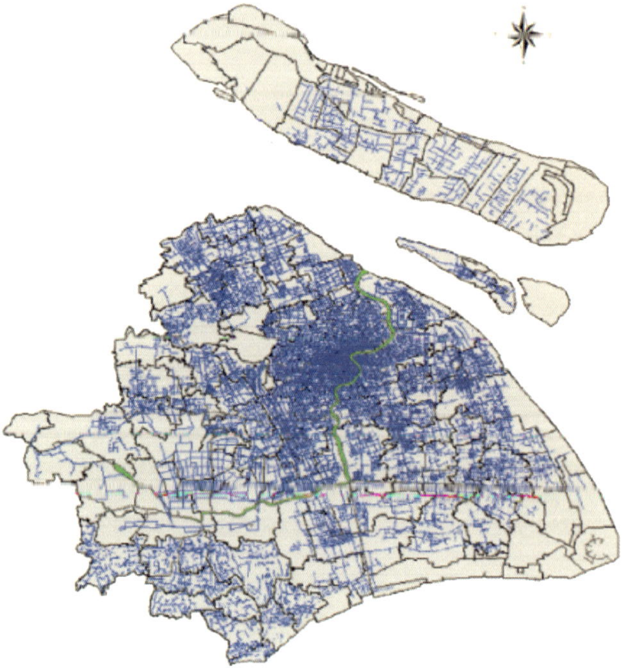

道 449 494 段，水规模达到 1 250 万 m^3/日，总共有 4 座水源水库和 39 座水厂。上海市主干供水管网系统的日常运行安全状态与城市的生产、生活等功能需求密切相关，是维系上海市发展与经济建设发展的关键基础设施。

为保障上海市主干供水管网系统的日常运行安全，上海市打造了科学合理的供水调度体系，如图 13-2 所示。供水调度体系的职责是全天候、全覆盖、全过程、精细化，能够做到 24 小时监控全市的供水调度运行，突发事件应急响应，全面覆盖全市水源、水厂、管网的调度管理，确保全市的供水安全，并从取水、制水、输配水、二次供水全过程监测、监控，保证用户用水品质，同时与标准化、大数据、智能化手段相结合，精耕细作，高效管理。目前，结合物联网技术，上海市拥有超过 700 个压力在线监测点和超过 300 个水质在线监测点，并制定了完善的监管考核标准，以确保做到全面监控。自 20 世纪 80 年代以来，上海市供水调度监控技术得到了极大发展，从监测数据远传到 90 年代的 SCADA 系统，再到 2000 年左右的 GIS 系统和水力模型，再从 2010 年至今已经可以做到综合集成的智能应用。

图 13-2　上海市供水调度体系

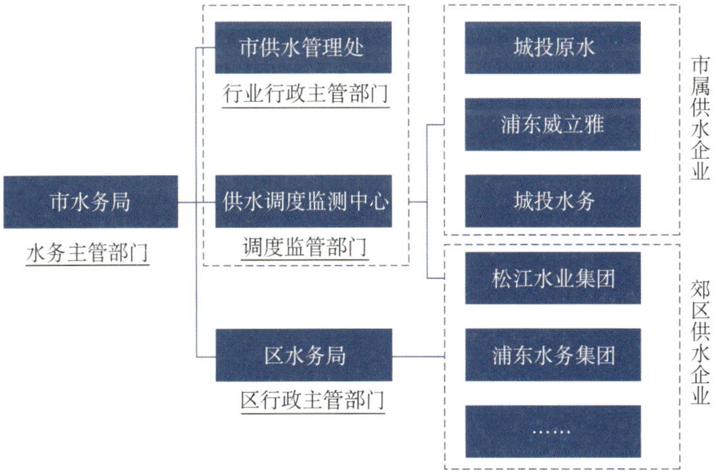

在此基础上，基于多部门信息实时联动和行业大数据集成，通过多企业跨部门的数据共享，供水监测调度中心收集了大量的供水管网数据，因此为保障和提升上海市供水管网系统的日常运维安全，满足精细化城市管理的理念要求，上海市供水监测调度中心基于收集到的管网数

据，通过开展供水管网系统的风险评估，对管网系统的日常运维安全进行了状态评估，建立了城市供水管网安全风险评估等级，并编制了供水管网管线区域风险图。此后，结合上海市建设发展过程中大量的管线改造工程与拓建工程等，即可通过相应的维修、改造措施，逐渐控制或减小整个城市供水管网系统的日常运维风险，达到预防漏水和爆管事故发生的目的。

13.2 排水管网全生命周期管理实践

在排水管网方面，全生命周期智能管理是未来管道管理的发展方向已经成为国内业务主管部门的共识。在具体实践上，目前排水管网系统全生命周期管理较具代表性的城市是福州市和绍兴市。

案例：福州市

福州市位于我国东南沿海，每年受台风影响严重，排涝泄洪需求强烈。福州市现有市政雨污水管网 3 035 km，如图 13-3 所示。其中，污水管网约 1 295 km(含截污管 241 km)，雨水管网约 1 740 km；纳入管养的泵站共 33 座，其中污水泵站 17 座、雨水泵站 16 座。同时，四城区现阶段共有污水厂 5 座，污水处理能力 99 万 t/日。2017—2019 年，四城区的污水处理率分别是 89.4%，92.5%，106.5%，日均污水处理量分别是 60 万 t，75 万 t，86 万 t。

1. 排水管网的能力建设

排水管网的能力建设一直是福州市水务管理部门的工作重点。在排水管网的全生命周期管理方面，2017 年以来，福州市针对中央环保督察提出的污水厂提标改造及管网改造进展缓慢、污水管网建设滞后问题，陆续开展以下五项工作：

（1）加快雨污水管网建设。根据规划，四城区“十三五”期间需完成 382 km 雨污水管网新建工作，截至 2019 年 6 月已累计完成 552 km，完成任务量的 144%。其中 2017 年以来新建雨污水管网 513 km[污水管网 369 km(包含内河截污管 202 km)，雨水管网 144 km]，排水管网密度已达到 13 km/km^2，超过我国平均水平的 9.5 km/km^2。

图 13-3 福州市 2017—2019 年建设雨水、污水、截污管网总平面布置图

（2）开展雨污水管网清疏排查。2017 年起开展四城区 2 522 km 管网清疏排查工作并于 2018 年 8 月底全面完成，其中累计发现缺陷共 135 847 个，其中一、二级缺陷 85 891 个，三、四级缺陷 49 956 个。

（3）开展排水管网修复改造。2018 年起全面开展四城区雨污水管网修复改造工作，截至目前完成约 1 700 km，达到总体修复任务的 67%。

（4）开展污水厂提标改造工作。2017 年起开展四城区三座污水厂（祥坂、洋里、金山污水厂）提标改造工作，并于 2018 年 6 月底全面完成，四城区污水厂出水水质均达到一级 A 标准。

（5）开展污水厂扩建工作。

根据规划，四城区污水厂“十三五”期间需扩容 22.5 万 t，截至 2019 年 6 月已扩容 31 万 t，完成计划量的 137%，其中 2017 年以来扩容 6 万 t（包含祥坂污水厂随提标改造工程扩容 1 万 t 及连坂污水厂扩

容5万t)。

2. 针对管网修复改造采取的主要工作措施

(1)成立攻坚领导小组。在市政府已成立黑臭水体治理工程建设指挥部框架下，下设市建设局管网清疏排查修复攻坚领导小组。以市级主导、区级配合、部门支持、国企挑担的架构，全面推进管网排查修复工作。同时，市建设局抽调局机关处室及市联排联调中心的相关人员成立四城区排水管网修复攻坚领导小组，领导小组下设办公室、现场推进组、一线考察组，形成在管网修复工程中市建设局统一牵头部署，统一指挥的工作机制。

(2)制定管网修复工程攻坚方案。为全面系统推进我市四城区排水管网修复改造工作，市建设局制订《进一步加快四城区排水管网修复工程攻坚方案》，通过明确领导小组、各部门责任分工、工程技术导则、督查检查机制及考核方案等措施，形成全面系统完善的工作机制，确保项目各项工作落到实处。

(3)分解工作责任清单。为明确各参建单位在管网修复工程中的具体职责，制订了《福州市四城区排水管网修复工程各部门责任分工》《福州市四城区排水管网修复工程建设单位质量管理和协调推进工作小组责任清单》及《福州市四城区管网修复工程分阶段工作责任清单》共3个工作清单，进一步夯实各区政府、市直部门工作职责，明确任务完成时间节点。

(4)完善管网质量标准体系。一是加强工程质量监管，制定《福州市市政排水设施工程质量管理办法(试行)》；二是强化考核，制定《福州市四城区污水治理工作全过程考核办法(试行)》，对四城区政府、污水厂、管网改扩建(修复)工程建设单位、排水管网维护单位及内河PPP建设运营维护单位进行考核；三是制定技术标准，出台《排水户排查建档工作方案》《排水管网水质水量监测点布设方案》《福州市城区排水管网修复工程技术路线》《福州市四城区排水管网修复视频检测技术导则》等8项技术导则，指导排水管网建设及修复改造工作；四是补充工艺定额，出台《福州市城乡建设委员会关于发布装配式桥梁构件安装定额、预制装配式排水构筑物安装定额、非开挖管道修复定额等86项补充定额的通知》，进一步明确修复工程中部分修复工艺的具体定额，指导新工艺工程计价结算工作。

(5)创新工作方法。一是针对排水户，创新研发排水户信息监管平台。该平台由手机终端“排水户排查 App”与网页端“排水户信息管理平台”后台管理系统组成，通过排水户排查收集 App 现场拍照记录实现排水户数据采集，同时采用 GIS 技术将图片位置信息记录于数据库，并以地理信息数据形式存储于地图上，实现了数据实时传输、实时管理。已录入的数据信息可在“排水户信息监管平台”中查阅。二是针对雨污水管网，结合市城区水系科学调度系统开发建设一套适用于管网建设、修复、管养等全过程的信息化管理系统平台，平台建设基于政务信息云平台，利用先进的物联网、移动互联、网络技术、GPS 技术及传感通信等技术将基础地理信息数据、实时监控数据、排水设施数据等进行融合与挖掘，实现市政排水管网设施的实时动态管理。

（6）建立检查督查机制。市建设局定期开展督查，严格督查工作实施过程中项目参建方工作落实情况，倒逼各参建单位严格落实部署的工作任务，确保项目达到序时进度。同时制订了管网修复一线干部考察工作的实施方案，将四城区管网修复工程列入一线考察干部的重点，对表现突出的优秀干部，优先评先评优，提拔重用。

案例：绍兴市

在排水管网的全生命周期管理方面，绍兴市及时、准确地为排水建设和管理提供管线质量依据，排除管线存在的缺陷隐患，确实保障新建、移交、建成管线的安全运行，适应现代化城市建设发展的需要，建立了一系列的制度规程，例如《排水管线检测整改与评估规程》《有限空间作业操作规程》等，为管网作业提供了科学可靠的依据，同时可作为其他地区开展全生命周期管理的参考。

1. 管线检测

管线检测按年度进行，按任务分为日常检测、紧急应对检测、竣工验收检测、移交确认检测，在检测前应收集排水管线图或已有管线检测资料，管线检测时（除竣工验收检测）应由调度中心提前抽低水位，检测前开井目视检测管道水位、淤泥等情况；并核对资料中的管位、管径、材质、支管和用户接入情况。在安全模式下，采用 CCTV 检测仪进入管道实施检测，通过控制台对影像数据进行编辑和缺陷识别，并抓拍照片存入电脑，然后编制检测报告。报告内容应包括本次检测的基本情况、缺陷类别、后续整改意见，缺陷类别及代码、等级分类应该按照相关规程规定表示，管线检测结果资料应按文字、图表、影像进行归档；

如有与现状 GIS 不符之处，经生产技术处确认后，按要求录入 GIS 管网信息。

2. 管线整改

对于窨井清淤、安全网补订、雨水口封堵、窨井粉刷、井壁渗漏修补等轻微缺陷的整改，由区域分公司自行完成；对于中级以上缺陷的整改，由养护分公司负责实施。整改前按照检测报告编制整改方案，方案确定后实施整改；对于严重、重大缺陷，管道脱节、断裂等存在重大安全隐患且影响生产运行的，方案一经确认即时整改；对于中级缺陷，橡胶圈脱落等安全隐患较小且不影响运行的，方案确认后可在运行、天气条件许可时 1 个月期限内完成整改。整改完成后，再次对管线进行检测，确保修复质量，对于重大及严重缺陷，在整改修复一季度之后进行重新检测，一年后抽查，确保修复段管线运行后仍正常，整改后相关资料经生产技术处确认后，按要求录入 GIS 管网信息。

3. 管道评估

每完成一条道路检测或完成中等以上整改后，编制评估报告，报告应表达清楚、图文结合、结论明确，评估报告应在检测报告基础之上，明确检测管线的等级和复查周期。等级严格按照结构性状况、功能性状况进行划分，其中任一项等级高于另一项时，按较高等级分类，一级最高，二级、三级次之，四级最低。

13.3 地下管网系统的信息化平台和智能化管控实践

在地下管网系统的信息化平台和智能管控实践方面，福州城区水系联排联中心通过打造智慧调度平台，构建排水防涝“一张图作战”指挥体系，为城区防台防涝提供了智慧化解决方案，实现了“事前预警预报、提前布防，事中辅助决策、统一指挥，事后灾后评估、优化系统”的全过程管控目标，因此可为其他城市提供借鉴和参考。

1. 事前预警预报，提前布防

事前预警预报，提前布防，实时调整。台风前，联排联调指挥中心通过智慧调度平台，根据气象预报信息，做出预警预报，及时启动防台应急预案，进行应急部署。先向中心、水务管网公司及相关单位人员发送气象预警信息和预案启动信息，信息平台实时推送信息到排水防涝应急处置手机上，相关人员接收到信息后，迅速前往责任点进行手机签到，现场确认车辆、设备、物资准备情况并上报。中心可在平台上查看人员车辆实时布防情况，同时对城区库、湖、河、闸站进行联排联调，腾空库容备汛。此时，部署在城区各方位的监测体系将各水工信息、设备运行工况、气象信息、城区积涝信息、应急信息实时传输反馈至智慧调度平台。中心通过平台实时发出指令，对应急人员、物资、设备实行网格化部署及管控(人员打卡、龙吸水调度)。指挥中心运用智慧调度平台，根据气象预报信息，结合实时监测数据，通过模型运算对城区内涝情况进行预演，实时更新预警预报信息，并对应急部署进行及时调整。

2. 事中辅助决策，统一指挥

事中辅助决策，统一指挥，并进行智慧调度。当台风或暴雨来临，现场巡查人员在责任区域内巡视，发现并用手机上报积水点及处置情况，群众可以通过电话、短信、微信等方式将身边发现的积水点告知中心，中心统一汇总处理。针对需要支援的严重积水点及突发事件，根据事发位置、淹没深度、影响等级，分析周围可快速调度的应急力量，中心实时调度龙吸水泵车等大型抢险力量前往现场处理。同时监测体系实时将雨量、库容、水位、井下液位、路面积水以及水系要素的运行状态等信息反馈至智慧调度平台，指挥中心结合气象预报信息，利用监测数据驱动模型运算，对库湖库容、河道水位以及城区积水演变情况进行模拟，同时通过专家辅助决策系统优选调度运行方案，辅助领导决策。中心通过平台精准调度，充分发挥水工设施的截、蓄、排、分的工程效益，最大程度降低内涝对城市的影响。指挥中心通过智慧调度平台实时汇集监测信息、设备运行工况、应急力量调度执行情况及城区道路积水视频监控等要素，实现排水防涝“一张图作战”的指挥体系。

3. 事后灾害评估，优化系统

事后灾害评估，优化系统，并进行恢复水位的工作。暴雨结束，在气象局解除暴雨预警信息后，中心进行善后汇总工作，用平台自动统计的处理结果数据，包括行动中投入的人员、车辆、设备、物资数量，所有发现和处置的积水点数量等，对整个应急行动进行考核总结，根据气象预报信息与水系各要素的实时监测数据，通过水质模型运算，驱动自动化控制系统进行群闸调度、联排联调，恢复库、湖、河景观水位。同时，指挥中心通过对入库数据的整理分析，进行灾情分析、事件返演、调度评估，自动优化调度预案、专家辅助决策系统，让智慧调度平台更加智慧，让科学调度更加精准。

借鉴篇小结

为保障地下管道的日常运维安全，目前国内外正在逐步建立并完善多层次的管道法律法规体系，逐步建立对接政府、企业和用户共同参与的管线基础信息数据，对管道安全管理中的权力和职责进行严格规范，将管线基础数据、规划建设数据、管理与技术标准、日常运维数据、实时监测数据、事故及处置数据、报废处理数据等进行汇总，形成地下管线的全生命周期数据库。同时，逐步推进地下管网的状态评估工作，打造风险管理系统，从桌面分析到现场实施，采用动态的、基于风险管理的策略提高地下管线寿命的预估精度，增加主动型维修的次数，提高管线修复计划的效率。在技术领域，物联网、云计算、大数据等新技术的兴起和广泛应用，使得城市地下管线的全生命周期管理成为可能，且正在成为全球性的趋势。

1. 地下管线安全标准体系

经过近 30 年的发展，城镇供排水管道工程建设标准目前已经覆盖了供排水管道的工程设计、施工验收、质量检验、运行维护和管理、检测修复等相关环节。虽然现有的安全标准体系基本满足了对城镇供排水管道工程建设和使用的需求，但是也存在一些问题，另外，随着科学技术的不断发展，地下管线安全标准体系也应该与时俱进，在今后工作中不断完善升级。

（1）城镇供排水管道标准须统一化。目前，由于产品标准多头管理，导致城镇供排水管道产品标准杂乱，众说纷纭，不成体系。企业面临竞争，过度追求低成本、低价格，忽视对管道产品质量控制，严重影响城市建设高品质发展和产业技术进步。因此，城镇供排水管道标准须统一化，严把产品质量控制关。

（2）城镇供排水管道标准须明确强制性标准和推荐性标准的范围。在我国新的城镇供排水管道工程建设标准体系中标准被分为四个层次，包括全文强制性标准，通用标准，专用标准，团体标准。

按照国务院深化标准化改革工作要求，城镇供排水管道标准体系和层级还需要不断完善和整合，要进一步确定强制性标准和推荐性标准的范围，提高标准质量，保持标准的先进性、实用性和可操作性。其中，强制性国家标准严格限定在保障人身健康和生命财产安全、国家安全、生态环境安全和满足社会经济管理基本要求的范围之内。优化推荐性国家标准、行业标准、地方标准体系结构，推动向政府职责范围内的公益类标准过渡，逐步缩减现有推荐性标准的数量和规模。在标准范围上，合理界定各层级、各领域推荐性标准的制定范围，推荐性国家标准重点制定基础通用、与强制性国家标准配套的标准；推荐性行业标准重点制定本行业领域的重要产品、工程技术、服务和行业管理标准；推荐性地方标准可制定满足地方自然条件、民族风俗习惯的特殊技术要求。

（3）城镇供排水管道标准须满足工程建设实际需求。城镇供排水管道标准应结合城市内涝防治、海绵城市建设、黑臭水体治理、雨污分流改造、污水处理提质增效、供水管网漏损控制、节约用水等城市水环境综合治理的中心工作进行梳理，组织制定和修订相关标准，以满足和保障工程建设的实际需求。

2. 地下管线病害检测和诊断

随着城市的扩大，城市地下管线存在遍布广、种类多、管网老化、缺乏统一规划等诸多问题，导致供水爆管停水、漏损比重大，排水管网淤堵、水体污染黑臭等一系列病害发生，影响管线正常运行，造成财产损失，甚至影响民众的人身安全。因此，发展地下管线病害检测和诊断技术，并将其广泛应用于地下管线日常运维管理，可有效保障地下管线日常运维安全，保证城市的日常运行。

自 20 世纪 80 年代以来，城市地下管线检测技术得到了快速发展，检测方法也变得多种多样。目前，管线病害检测和诊断技术可分为无损检测（NDT）技术、模型分析技术。管线病害无损检测（NDT）技术包括对裂缝、腐蚀坑以及破损漏洞的直接观察，也包括能够识别以上管线病害的技术，主要包括点蚀深度测量、外观检查、电磁检测、结构状态声学检测、超声波检测、管道电流测绘、射线检测、热成像检测、根据土壤性质评估、新兴传感技术及传感网络等。模型分析技术指通过测量管线压力、流量等信息，通过模型及软件来分析管线的泄漏状态，主要包括瞬时液压法、体积平衡法、压力点分析、负压波法、地区仪表分区等。虽然检测方法众多，实际应用中却面临诸多难点。如管线材质不同，既有铸铁、钢材等构成的金属管线，又有水泥、陶瓷、塑料材料等构成的非金属管线，不同材质的管线需采用不同的检测方式。目前的地下管线探测仪是利用金属管线对电磁波产生感应的物理特性而获取信号异常值的办法确定管线的位置和深度。随着科技水平的不断发展，非金属管线在市政建设中得到越来越多的应用，而非金属管线不能感应电磁场，因此无法采用金属管线的通用检测方式来对非金属管线进行检测。解决这个问题目前比较有效的检测方法是人工开挖及利用地质雷达及高密度电阻率法进行管线检测。从 1994 年原国家冶金工业部首次从加拿大引进地质雷达至今，地质雷达广泛应用于地下管线探测、高速公路地基和铺层厚度、密实度、无损探伤等检测，其中在地下管线探测中对非金属材料管道的探测技术研究日益完善。投入中国市场的地质雷达主要有加拿大生产的 pulse EKKO-100A~1000 型系列地质雷达、美国地球物理探测公司（GSSI 公司）产 SIR-20 探地雷达、瑞典 MALA 系列地质雷达、意大利 IDS 公司生产的 RIS 系列（Detectorduo）雷达等。地质雷达由主机、天线及配套软件等部分组成。基本工作原理是：发射机通过天线发射脉冲电磁波信号，当这一信号在介质中遇到有物性差异的探测目标时，电磁波会在不同物性界面上发生反射，产生一个反射信号。其讯号通过接收天线输入到接收机，放大后由示波器显示出来。根据示波器窗口显示的目标物体反射波双程时间多少和探测点平均介质速度，可以计算出探测目标的深度。

发达国家也非常重视地下管线病害检测和诊断技术的研究和开发，如美国、德国等，都应用最新的检测技术，如电子、传感等，提高地下管线检测的可靠性和自动化程度。其中，多重传感器（SAM）是德国研发的一项管道检测新技术，它包括一套管道闭路电视检测（Closed Circuit Television, CCTV）系统和不同种类的传感器，可对管道的渗漏、腐蚀等缺陷进行检测，同时检测管径、管道周围土质等参数。其中，CCTV 检测是一项新型的应用工程技术，也是目前国际上用于管道状况检测最先进和有效的检测方法。CCTV 检测采用闭路电视系统，通过控制在管道内行走的机器人摄像系统，连续、实时记录管道内部的实际情况，如发生的病害、位置、图像等，对地下管线进行针对性维护提供可靠的技术依据，大大提高恶劣管道检测的工作效率，降低井下作业人员的风险。CCTV 检测主要流程包括：收集资料、现场勘察；编制检测方案；清洗疏堵排水；用 CCTV 检测系统进行检测并采集摄像资料；

总结数据、出检测报告；验收数据准确度；提交评估报告等。随着5G、云计算、大数据、人工智能等高新技术的不断发展，未来管线病害检测和诊断技术将趋向自动化、智能化、智慧化发展。

附录
Appendix

附录 A　主要单位简介

中国城市规划协会地下管线专业委员会

中国城市规划协会地下管线专业委员会是地下管线规划、设计、建设、维护、管理及相关单位自愿组成的公益性社团组织。本会的宗旨是：贯彻执行党和政府的方针政策，遵守宪法、法律、法规，维护行业及相关单位的合法权益，反映会员需求，促进行业的横向联系，发挥政府与行业之间的纽带作用，推动地下管线行业的发展和进步，为我国的城市规划、建设、管理服务。

中国城市规划协会地下管线专业委员会是一个跨系统、跨部门、多学科的全国性专业社团，会员的组成包括与地下管线行业相关的规划、建设、管理等政府主管（或业务）部门和从事地下管线探测、检测、评估、系统开发等生产、科研单位，以及给排水、燃气、热力、电力、电讯、石化、消防、工业等部门的相关的企事业单位和高等院校，涉及部门或单位较广，目前全国共有团体会员 500 余家。委员会的发展与进步，离不开业内各部门领导和有识之士的大力支持与帮助。

地下管线专业委员会在中国城市规划协会的领导下，引领行业发展：宣贯政策法规，辅助政府决策；重视行业标准，促进技术进步；开展职业岗位培训，提升从业队伍素质；把握行业特点，扩大交流活动；瞄准科技前沿，促进科技创新。发展会员，扩大组织规模；聚焦热点，提高社会关注度；服务会员，建设信息交流平台；合作共赢，加强行业国际交流。我们坚信已选举出的新一届理事会，一定能够贯彻好上级协会的指示精神，团结好广大会员单位，解放思想，勇挑重担。

目前，地下管线专业委员会工作还需要重视以下几点：

第一，会员间的交流合作仍需加强，我会将致力于改进和加强相关工作。

第二，拓展地下管线产业链，我们将强化地下空间承载力、地下管廊与海绵城市建设工作的推进。

第三，要制定地下管线专业委员会的未来发展规划，并对未来发展规划工作进行细化，纲举目张。

第四，将更多地吸纳行业内和高校的专家、学者加入到地下管线专业委员会中来，壮大地下管线专业委员会的知识人才储备，通过专家建言献策以推进各项工作开展。

地下管线专业委员会将始终以“公益服务、自律维权、合作共赢”的行业精神为引领，虚心学习、尽职履责，做好服务，不辱使命。发挥桥梁纽带作用，搭建平台，实现开放共赢的行业发展目标！

上海防灾救灾研究所

上海防灾救灾研究所(以下简称“防灾研究所”)成立于1989年，现隶属于上海市城乡建设和管理委员会，是专业从事城市安全与防灾减灾综合研究的独立事业法人机构。2014年6月26日，上海市住房和城乡建设管理委员会(原上海市城乡建设和管理委员会)与同济大学共同签署协议——双方联合共建“上海防灾救灾研究所”。目前，同济大学特聘教授李杰任防灾研究所法人代表并兼任所长，防灾研究所现有研究人员16人，高级技术职称7人，专职科研人员全部具有博士学位。

防灾研究所成立以来，依托上海市政府职能部门，发挥同济大学多学科综合优势，围绕城市防灾减灾救灾工作，防灾研究所内设置14个研究室，涵盖城市地震、风灾、火灾、气象灾害和生命线工程防灾等5个核心研究团队，并与同济大学和上海市政府职能部门等联合组建9个专业研究室。为支撑基础研究和关键技术研发，防灾研究所建有同济安泰工程防灾研发中心、城市风场观测基地、灾害高性能仿真计算集群实验室和城市市政管网运行安全与防灾实验室等4个专业实验室，通过开展试验测试分析，加强基础研究与成果应用，并对外开展城市灾害与安全相关科研服务与技术咨询。

同济大学城市市政管网运行安全保障研究团队

20 世纪 90 年代中期，同济大学特聘教授、上海防灾救灾研究所所长李杰教授率先开展城市地下管网抗震研究，牵头组建了同济大学城市市政管网研究团队，历经 20 余年的发展，致力于城市生命线工程抗震研究，取得了系列具有国际影响力的代表性研究成果，包括进行了世界上首例大规模地下管网模拟地震现场试验，建立了地下管网整体分析模型，实现了埋地管网随机动力反应分析技术；在国际上首次创立了大型城市供水管网抗震功能可靠性分析技术体系，在设计“震不垮”的城市供水管网方面实现了技术突破；建立了大型城市燃气管网连通可靠性递推分解技术体系，实现了本领域的突破性进展，受到学术界高度评价。在国际上率先建立了大型城市地下管网抗震优化设计技术，开发了大型地下管网抗震智能设计软件包，并在全国 12 个城市得到应用。研究团队工作与成果曾获国家科技进步奖以及上海市科技进步一等奖等科技奖励 20 余项。2014 年因在生命线工程可靠性方面的学术成就被美国土木工程师学会（ASCE）授予 Freudenthal 奖章。

2016 年，国家公共安全领域城镇公共安全风险防控与治理方向首次设立国家重点研发计划项目“城市管网运行安全保障技术研究”，同济大学作为牵头单位负责承担该项目研究。随后，在李杰教授的指导下，围绕城市市政管网运行安全保障研究方向，由胡群芳教授牵头组建了跨领域多学科的交叉研究团队——**同济大学城市市政管网运行安全保障研究团队**，致力于城镇市政管网安全韧性构建和新技术研发应用与实践，团队成员包括刘威副教授、赫磊副教授、王飞副研究员、宁超列助理研究员、郑茂辉助理研究员、孙龚博士等骨干共 7 人。

当前研究团队正围绕城市市政管网运行安全病害诊断、运行安全检测监测、管网系统运行安全预警、管网抗震与综合防灾规划等方向开展研究，先后主持了国家级项目 6 项、上海市重点项目 3 项，主编或参编了国家和上海市规范标准 10 余项。2020 年，在上海市住房和城乡建设管理委、同济大学的联合资助下，成立了“城市市政管网运行安全与防灾实验室”，现已获 CMA 资质和 CNAS 资质，形成面向行业需求的城市市政管网管道材料检测和管网安全检测、监测和评估技术服务。

北京市新技术应用研究所

北京市新技术应用研究所(以下简称“研究所”)隶属于北京市科学技术研究院(以下简称“北科院”)，为北京市市属科研院所。研究所成立于1977年，2000年转制为全民所有制企业，目前已发展成为一家集科研、开发、生产于一体的高新技术企业。建所40多年来，已建成一支高素质的科研创新团队，拥有一批具有博士学位、硕士学位和高级职称的技术研发人员，先后获得省部级以上科学进步奖50余项，其中国家级奖项2项、市科技成果奖16项、市科技进步奖24项、其他省部级奖8项。研究所努力承担社会责任，成为“科技北京”建设中的一支重要力量。

北科院地下管线研究团队长期承担地下管线领域科研工作与技术服务工作，具有丰富的工作经验。2014年，北科院与北京市城市管理委员会成立北京地下管线综合管理研究中心(以下简称“中心”)，依托北科院的科研及技术优势，集结国内外地下管线管理、城市管理、公共安全、应急管理等方面的研究力量，跟踪国内外管线管理及实践的前沿，力争建成国内一流的开放式的地下管线综合管理研究平台。

中心基于系统科学、安全科学、管理科学等基础理论及方法，综合利用系统安全分析、模拟仿真、统计分析等模型与工具，针对城市地下管线领域的热点难点问题开展科技攻关与应用服务研究，通过不断的理论知识学习、深入的研究实践、广泛的合作交流打造一个结构合理、素质优良的创新机构，为首都北京乃至全国的城市生命线管理与安全保障，以及城市的平稳、高效运行提供技术和管理决策支持。

中心致力于科技服务机构、资源汇聚平台、管线领域智库等功能建设，主要工作方向为：地下管线相关的知识创新和公共政策研究；地下管线管理领域共性、关键性、前瞻性的支撑技术研究；地下管线领域相关各类咨询服务；地下管线事故机理及模拟分析与实验研究。

目前，研究团队承担地下管线相关项目共80多项，其中国家级项目8项，北京市自然基金和哲社基金各1项，北京市科技计划5项，委办局及研究院项目50项。发表论文50余篇，SCI/EI/ISTP收录20余篇，著/编图书7部，获得软件著作权20余项，编制技术标准10余部，申请专利5项(已授权2项)，研究成果获省部级奖4项。

上海同济城市规划设计研究院有限公司

求精，做实，解难，创新！

上海同济城市规划设计研究院有限公司（简称 TJUPDI）是全国首批取得“城市规划设计甲级资质”及“旅游规划甲级资质”的规划设计科研机构，同时也是上海市土地规划乙级机构。

市政规划设计所（下称“市政所”）是上海同济城市规划设计研究院有限公司市政、防灾领域的专业规划设计所，业务涵盖水资源开发利用与保护规划、水系专项规划、水环境影响与评价规划、市政工程专项规划（含给水工程、污水工程、雨水工程、海绵城市、综合能源、供热工程、燃气工程、供电工程、通信工程、环境卫生工程等）、防灾工程规划（含消防工程、防洪排涝工程、人防工程、抗震工程、地质灾害工程、综合防灾工程等）、管线综合专项规划、综合管廊规划等。

近年来，市政所承担、参与完成了《雄安新区容东片区市政专项规划》《海南国际旅游岛先行试验区市政专项规划》《铜仁市中心城区管线综合规划》《铜仁市中心城区综合管廊专项规划》《上海市崇明陈家镇国际实验生态社区市政工程规划》《鹰潭市信江新区竖向与排水工程专项规划》《海南国际旅游岛先行试验区综合防灾规划》《七台河市城市地下管廊规划》《晋江市电力设施布局规划（2015—2030）》《同里新能源小镇规划》《曲靖市中心城市综合防灾专项规划》《中国海花岛消防专项规划设计》等规划设计项目，并荣获省部级多项奖项，产生了良好的社会、经济、环境效益，受到社会的各界的好评。

上海勘察设计研究院(集团)有限公司

上海勘察设计研究院(集团)有限公司(以下简称“上勘院”),原名上海勘察院,成立于1958年。作为国内知名的综合性岩土工程咨询企业,拥有雄厚的技术力量、一流的专家队伍、精良的仪器设备和丰富的工程经验。

上勘院拥有国家勘察大师4名,上海市领军人才4名,教授级高级工程师20余名,高级工程师近百名,各类注册专业工程师百余名。

上勘院业务范围涉及岩土工程勘察、设计、咨询、工程测量、监测、检测、物探,地质灾害危险性评估、地质灾害防治工程勘查、设计、施工,地震安全性评价、房屋质量检测、市政设计、地基与基础工程施工,场地水土环境调查、评估与修复工程设计和施工等。

上勘院出色完成了一系列重大工程建设任务,共获国家级金、银、铜奖及部、市级优秀工程奖200余项;完成科研成果100余项,获科技进步奖10余项;负责主编、参编各类规范标准60余部,拥有各类专利近200余项,被誉为上海城市建设的“地下尖兵”,成为上海乃至全国勘察设计行业的排头兵。

广州市城市规划勘测设计研究院

广州市城市规划勘测设计研究院(GZPI)(以下简称“城规院”)创建于1953年，是华南地区历史最悠久、规模最大、专业最齐全、综合实力全国领先的规划勘测设计高新技术单位，业务涵盖了城市规划、测绘地理信息、建筑设计、市政与景观、岩土工程、工程咨询、工程监理、工程总承包等领域，致力于向政府、社会和公众提供工程建设全过程的技术服务。

测绘地理信息专业是城规院历史最为悠久的基础性专业，城规院是广州市唯一具有国家测绘地理信息局测绘与地理信息甲级和住建部综合勘察甲级的“双甲级”测绘资质单位，业务涵盖大地测量、测绘航空摄影、摄影测量与遥感、地理信息系统工程、工程测量、不动产测绘、地图编制、互联网地图服务等。

几十年来，城规院一直承担基本地形图更新及城市测绘基准维护工作，先后完成广州市连续运行卫星定位城市测量综合服务系统建设、广州市似大地水准面精化、广州市基本比例尺地形图动态更新、广州市公众地图网站建设、广州市地下管线普查等省市重点工程，获得国家级、省部级和市级的奖励200余项。

广州市天驰测绘技术有限公司

广州市天驰测绘技术有限公司(以下简称"天驰测绘")是一家专为管线工程而生的科技服务高新技术企业，天驰测绘成立于2004年12月30日，经过十多年的发展，现拥有测绘甲级资质、市政公用工程施工总承包资质三级、工程勘察专业类资质乙级、CMA计量认证、安全生产许可证、ISO9001质量管理体系认证、ISO14001环境管理体系认证、信息安全管理体系认证。同时获全国科技型中小企业、守合同重信用企业、企业AAA信用等级、中国中小企业诚信示范单位、广州市优秀企业、广州市创新标杆企业、广东省地下管线探测工程技术研究中心等荣誉及认证，逐渐成为商业模式明晰、组织架构稳定、管理模式先进、人才结构合理、创新能力强大、引领管线勘测行业发展的标志性企业。

目前，天驰测绘主营业务涵盖了管线探测、管道检测、监理、测绘与遥感、工程物探、岩土勘察、排水管网清淤修复、信息系统开发等，致力于建立以客户为导向的，集一流经营、管理、研发团队为引擎的管网问题一揽子解决方案提供商。

愿景：打造国内领先的管道服务生态系统

使命：让城市生活更美好

价值观：客户至上，以人为本，优质高效

正元地理信息集团股份有限公司

正元地理信息集团股份有限公司是国有大型地理信息企业，是国内较早开展测绘地理信息、地下管线信息化技术研究、开发与应用的高新技术企业。正元地理创立于1999年3月，长期致力于空间地理信息开发利用和数字城市、智慧城市的投资、建设、运营和服务，培育形成了基础地理信息应用、地下空间信息化、市政设施安全和智慧城市等核心业务，具有基础地理信息系统集成与应用服务、地上地下全空间时空数据建设服务、智慧城市建设运营服务的核心竞争力。

正元地理信息集团股份有限公司业务足迹遍布全国，服务领域覆盖城建、规划、国土、铁路、交通、水利、环保、农林、海洋等各行业，曾为国庆60周年阅兵、G20杭州峰会、天津达沃斯论坛等重大活动提供时空数据保障，先后荣膺全国测绘质量表彰单位、中国地理信息产业十佳单位和中国地理信息产业百强企业称号，正元地理信息集团股份有限公司已成为国内行业知名品牌。

多年来，正元地理信息集团股份有限公司不断创新，依托“陆海空地”四位一体地理空间时空数据建设技术优势，锻造以数据驱动为基础的地理信息+理念和智慧城市联合解决方案提供商，助推地理信息产业和新型智慧城市发展。正元地理信息集团股份有限公司将继续坚持“开放、包容、合作、发展”，全力打造中国地理信息产业龙头企业和新型智慧城市建设综合运营服务商。

青岛市勘察测绘研究院

青岛市勘察测绘研究院（青岛市基础地理信息与遥感中心）始建于1951年9月，是持有国家级工程勘察综合类甲级、测绘甲级、地基与基础工程施工壹级、涉密信息系统集成乙级资质、地质灾害防治甲级资质、土地规划乙级资质的生产、科研单位，主要承担工程测量、不动产测绘、摄影测量与遥感、海洋测绘、行政区域界线测绘、地理信息系统工程、互联网地图服务、地图编制、自然资源监测；计算机信息系统集成；岩土工程勘察、设计、咨询、治理、检测、监测以及地质灾害工程勘查、设计、治理、评估等多专业的生产科研项目。现有在岗职工600余人，专业技术人才占70%以上，博士、硕士研究生220余名，工程技术应用研究员17名，高级工程师164名，国家注册土木（岩土）工程师44名，国家注册测绘师124名。

青岛市勘察测绘研究院通过了质量管理、职业健康与安全管理、环境管理三体系认证及山东省计量认证，被认定为全国测绘地理信息科普教育基地、山东省科普教育基地、青岛市科普教育基地和青岛市中小学海洋教育社会实践基地；先后荣获全国测绘地理信息系统先进集体、中国地理信息产业百强企业、住建部“城市勘测工作先进单位”、全国建设技术创新工作先进单位、中国测绘地理信息学会先进集体、中国测绘学会科技创新型优秀单位等称号；连续26年保持“山东省文明单位”荣誉称号。

保定金迪地下管线探测工程有限公司

保定金迪地下管线探测工程有限公司（以下简称“金迪公司”）成立于1992年，是国内最早成立的专业从事地下管线探测、检测、非开挖更新修复、工程监理、地形图测绘、GIS数据加工处理、GIS软件开发与系统集成、地下管线检测机器人制造于一体的高新技术企业。金迪公司拥有测绘甲级、地质勘查甲级、信息系统集成三级、市政工程总承包三级等资质，所有业务均围绕“地下管线服务”展开，自成立已先后获得超过100项专利及软件系统著作权，并在实践中得以充分应用。经过多年的发展，金迪公司拥有办公园区23 000 m^2，固定资产超过3亿元，各类专业技术人员700余人，2018年产值超过3亿元。随着金迪公司实力不断增强，连续多年荣获中国地理信息产业百强企业、河北省十佳测绘单位、河北省诚信企业、河北省测绘行业先进集体、保定国家高新区诚信企业。在立足国内市场的同时，积极开拓海外市场，1997年以来，承揽了中国香港、澳门、台湾等地区的地下管线探测和检测工程，还承揽了英国、日本等国家的地下管线探测和检测工程。积极进取，开拓创新，以“诚信，担当，执着，分享”的价值观为引领，以“守护地下管线”为使命，金迪公司正在不断发展壮大，与行业共生，与客户一起成长。

武汉中仪物联技术股份有限公司

武汉中仪物联技术股份有限公司是一家以排水管网检测、评估、养护、修复相关技术、设备及材料研发制造为核心产业的高新技术企业，专注于为城市提供智慧排水管网运维信息化检测等领域，先后研发出一系列技术先进、适用性强、操作简便、稳定耐用的检测、养护及整体解决方案。

武汉中仪物联技术股份有限公司总部设于华中腹地湖北武汉，与多家高校及科研机构保持紧密合作，在理论研究、设备研制、工程修复设备和软件产品。并在全国各地设有分公司及分销机构，建立了完善的售后服务体系。

武汉中仪物联技术股份有限公司已完成一系列具有自主知识产权的管网检测、养护及修复产品的研制，在物探、城建、市政、国防、水利水电等各个基础建设领域得到广泛应用。

随着信息化建设理念的深入人心，武汉中仪物联技术股份有限公司在智慧管网、地理信息系统领域与北京清华规划院、中地数码形成战略合作联盟，相继开发了一系列数据管理系统。借助 GIS，充分利用现有排水管道及地理地形数据，为排水管网的整个运营生命周期业务提供准确可靠的数据，形成一套行之有效的城市排水管网地理信息系统，并在行业广泛推广与应用，为城市智慧排水技术服务奠定了坚实基础。

武汉特瑞升电子科技有限公司

武汉特瑞升电子科技有限公司是国内地下管道检测设备的开拓者，是专业从事城市排水管渠检测和在线监测技术研发、生产、销售和技术服务的国家高新技术企业。武汉特瑞升电子科技有限公司成立于2006年，经过十余年的发展，已经成为国内外知名的地下管道检测设备的研发制造企业。

武汉特瑞升电子科技有限公司秉承“专注成就专业、创新赢得先机”的理念，高素质的研发团队始终瞄准国际先进技术，不断推出性能先进质量可靠的产品。在国内率先推出潜望镜（2006年）、管道机器人（2008年）、管道声呐检测系统（2010年），并获得了“二线制传输管道爬行器系统”“声呐视频两栖检测系统”等发明专利，同时拥有“Pipesee判读报告软件”及“Redbox管道检测云服务系统”等多项软件著作权。武汉特瑞升电子科技有限公司一直致力于地下管道检测设备的国产化，提供先进可靠的管道检测、养护、修复设备，为客户提供一站式的整体解决方案。遍布全国各地的专业服务团队为用户提供优质的售前、售后服务。

赛飞特工程技术集团有限公司

赛飞特工程技术集团有限公司(以下简称"赛飞特")成立于2001年，总部位于青岛，注册资本5 000万元，业务领域覆盖大数据+信息化、安全、环保、职业健康、节能、工程咨询等几大领域。赛飞特一直秉承"技术为本，服务制胜"的经营理念，专注于行业风险控制解决方案的制定和实施，帮助客户有效防范和化解系统性重大风险，防止事故的发生，避免人员伤亡、环境破坏和财产损失，实现风险整体管控。

赛飞特作为中国城市规划协会地下管线专业委员会的会员单位，多年来围绕城市地下管网开展相关业务，包括城市地下管网的普查、地下管道综合管理信息系统的开发、地下管线综合规划的编制，在地下管线的风险辨识、评估、风险外溢模拟以及定量计算方面具有丰富的经验。通过将模拟结果应用到城市地下管网的安全管理中，赛飞特可以为管网日常维护、改造及抢险工作的风险预判提供重要依据，从而提升地下管网突发事件的应急处置能力。

北京埃德尔黛威新技术有限公司

北京埃德尔黛威新技术有限公司(以下简称“埃德尔”)由德国留学归国人员创办于1995年，是国家高新技术企业。具有质量管理体系认证质量ISO9001、环境管理体系认证ISO14001、职业健康安全管理体系认证ISO45001以及AAA级企业信用等级、AAA级资信等级、AAA级重合同守信用企业、AAA级质量服务信誉、AAA级诚信经营示范单位证书。

埃德尔经过25年多的发展，为国家在供水企业漏控方面做出了三个贡献：打破了国外的技术封锁，从初期的国外产品代理到形成具有完全自主知识产权的系列化产品，先后取得了各项自主知识产权近四十项；其中三项填补了国内空白，取得发明专利；国产产品打破了我国在漏控领域零出口纪录，产品出口近30个国家和地区；完成了国家“十二五”“供水管网漏损监控设备研制及产业化”课题，创新了分区计量系统管理理论与实践，为供水企业实现漏控目标奠定了基础。2017年，埃德尔又承担了国家“十三五”课题“多水源格局下水源-水厂-管网联动机制及优化调控技术”中的任务。

埃德尔不忘初心为我国智慧城市供水、排水、燃气、供热、电力等管线权属行业用户，提供便捷、高效、专业的管网探测、检测、监测与控制的技术产品及系统化解决方案。

赛莱默（中国）有限公司

赛莱默（中国）有限公司（XYL）（以下简称“赛莱默”）是全球领先的水技术公司，致力于开发创新的技术解决方案，以应对全球最严苛的水资源挑战。

赛莱默的产品和服务专注于市政、工业、民用和商用建筑等领域的水输送、水处理、水测试、水监测和水回用。此外，赛莱默还为水、电力和天然气等公用事业提供业界领先的产品组合，包括智能计量、管网技术和先进基础设施分析解决方案。公司在全球拥有近16 000名员工，运用其在诸多应用领域的技术专长，专注于提供可持续的综合解决方案。赛莱默总部位于纽约州莱伊布鲁克，2019年营业收入达52.5亿美元，旗下多个产品品牌在150多个国家和地区均占据了市场领先地位。

赛莱默公司名称Xylem取自古希腊语，原义是植物中输送水分的组织，寓意公司对水事业的追求，表现我们运用堪与大自然造化能力媲美的世界最优秀的工程技术实现水的输送。了解更多资讯，请登录www.xylem.com。

赛莱默在中国

赛莱默中国总部位于上海，在10个主要城市设有办事处，员工超过1 000人。为更好服务本土客户，我们借助赛莱默全球能力，夯实本土力量，提升国产化水平。公司在北京、沈阳、南京和福州开设工厂，在上海和南京拥有研发团队，在南京设有智能决策支持中心，通过数字化转型帮助客户解决水问题挑战。我们的184家渠道伙伴和赛莱默一起，为中国市场提供最多样化的产品组合。遍布全国的59个售后服务网点为客户提供“妥妥服务”。

在中国，赛莱默代表着国际先进技术，为水与污水管理提供智能产品和优质服务，帮助客户解决水问题，携手合作伙伴实现更清洁的水环境，共创更美好的未来。

获取更多信息，请关注赛莱默官方微信：Xylem赛莱默。

附录 B　行业关键资料和信息

1. 国内外主要学术机构(协会、学会等)

(1) 国际水协 IWA

https://iwa-network.org/

(2) 美国水协 AWWA

https://www.awwa.org/

(3) 日本水协 JWWA

http://www.jwwa.or.jp/

(4) 德国燃气与水工业协会 DVGW

https://www.dvgw.de/english-pages/

(5) 美国地下管线设施联盟

https://commongroundalliance.com/

(6) 日本下水道协会

https://www.jswa.jp/

(7) 日本共同沟工业协会

https://www.kyodoko.jp/

(8) 中国地下管线专委会

http://www.dxgx.org/

2. 国内外主要学术会议（美国、欧洲、日本和中国）

（1）IWA Water Loss Conference 2020
https: //www. waterloss2020. org/en/index. html

（2）International Conference on Urban Drainage 2020 （ICUD 2020）
https: //www. icud2020. org/call-for-abstracts

（3）International CCWI （Computing and Control for the Water Industry） / WDSA （Water Distribution Systems Analysis） Joint Conference
http: //ccwi-wdsa2020. com/

（4）Smart Water Systems conference
https: //www. smi-online. co. uk/utility/uk/conference/smart-water-systems#tab_ overview

（5）Congress of International Association for Hydro Environment Engineering and Research（IAHR） and Asia Pacific Division（APD）
http: //www. iahrapd. org/IAHR-APD/main/index. php）

（6）International Association for Hydro-environment Engineering and Research （IAHR） World Congress
https: //iahrworldcongress. org/

（7）IWA World Water Congress & Exhibition
https: //iwa-network. glueup. com/event/iwa-world-water-congress-exhibition copenhagen 20967/

（8）IWA Digital Water Summit
https: //digitalwatersummit. org/

（9）Water Loss Virtual Conference 2020
https: //iwa-network. org/events/water-loss-2020/

（10）International Conference on Urban Water Management and Drinking Water Quality https: //waset. org/urban-water-management-and-drinking-water-quality-conference-in-january-2021-in-tokyo

(11) International Conference on Sustainable Water Management for Urban Agriculture

https: //waset. org/sustainable-water-management-for-urban-agriculture-conference-in-april-2021-in-tokyo

(12) Annual Conference of Japan Society on Water Environment

https: //www. jswe. or. jp/event/entry/index. html

(13) Water and Environment Technology Conference

https: //www. jswe. or. jp/extra/wet2020-online/index. html

(14) 2020 中国城镇水务大会

(15) 2020 年水安全保障及水环境综合整治高峰论坛暨《中国给水排水》第十七届年会

(16) 中国城市水环境与水生态发展大会

http: //huiyi. urbanwater. org. cn/

3. 国内外主要学术期刊

1）国外

(1) Water Research

https: //www. journals. elsevier. com/water-research

(2) Journal of Water Resources Planning and Management

https: //ascelibrary. org/journal/jwrmd5

(3) Water Resources Management

https: //www. springer. com/journal/11269

(4) Urban Water Journal

http: //www. tandfonline. com/toc/nurw20/current

(5) Journal of Hydroinformatics

https: //iwaponline. com/jh

(6) Canadian Water Resources Journal

http: //www. tandfonline.
com/ toc/tcwr20/current

(7) Journal of Water Supply Research and Technology-Aqua

https: //iwaponline. com/aqua

(8) Journal of Environmental Management

http: //www. journals. elsevier. com/journal-of-environmental-management/

(9) Environmental Modelling & Software

http: //www. journals. elsevier. com/environmental-modelling-and-software/

(10) Engineering Failure Analysis

http: //www. elsevier. com/wps/find/journaldescription. cws_home/30190/description#description

(11) International Journal of Pressure Vessels and Piping

http: //www. elsevier. com/wps/find/journaldescription. cws_ home/405900/description#description

(12) Water Resources Research

http: //www. agu. org/journals/wr/

(13) Water Science and Technology

https: //www. sciencedirect. com/journal/water-science-and-technology

(14) Journal of Hydrology

http: //www. elsevier. com/wps/find/journaldescription. cws_home/503343/description#description

(15) Environmental Science and Pollution Research

http: //www. springer. com/environment/journal/11356

(16) Journal of Pipeline Systems Engineering and Practice

http: //ascelibrary. org/journal/jpsea2

(17) Environmental Science & Technology

https: //pubs. acs. org/journal/esthag/

(18) Journal AWWA

https: //awwa. onlinelibrary. wiley. com/journal/15518833?_ga=2. 178538980. 1328154303. 1604544571-2115542636. 1604544571

(19) AWWA Water Science

https: //awwa. onlinelibrary. wiley. com/journal/25778161#

(20) Environment International

https: //www. journals. elsevier. com/environment-international

(21) Science of The Total Environment

https: //www. sciencedirect. com/journal/science-of-the-total-environment

(22) Frontiers of Environmental Science & Engineering

https: //www. springer. com/journal/11783

(23) Environmental Science-Water Research & Technology

http: //www. rsc. org/journals-books-databases/about-journals/environmental-science-water-research-technology/

(24) Water Science and Technology: Water Supply

https: //iwaponline. com/ws

（25）Nature Sustainability

https: //www. nature. com/natsustain/

2）国内

（1）净水技术

https: //zsjs. cbpt. cnki. net/WKE/WebPublication/index. aspx? mid=zsjs

（2）给水排水

http: //www. wwe1964. com/

（3）中国给水排水

http: //www. cnww1985. com/

（4）环境与健康杂志

http: //www. hjyjk. cn/

（5）油气储运

http: //yqcy. paperonce. org/

4. 美国 AWWA 出版主要图书手册（参考 M77 目录）

M1, Principles of Water Rates, Fees, and Charges

M2, Instrumentation and Control

M3, Safety Management for Water utilities

M4, Water Fluoridation Principles and Practices

M5, Water Utility Management

M6, Water Meters-Selection, Installation, Testing, and Maintenance

M7, Problem Organisms in Water: Identification and Treatment

M9, Concrete Pressure Pipe

M11, Steel Pipe-A Guide for Design and Installation

M12, Simplified Procedures for Water Examination

M14, Backflow Prevention and Cross-Connection Control: Recommended Practices

M17, Fire Hydrants: Installation, Field Testing, and Maintenance

M19, Emergency Planning for Water and Wastewater Utilities

M20, Water Chlorination/Chloramination Practices and Principles

M21, Groundwater

M22, Sizing Water Service Lines and Meters

M23, PVC Pipe-Design and Installation

M24, Planning for the Distribution of Reclaimed Water

M25, Flexible-membrane Covers and linings for Potable-water Reservoirs

M27, External Corrosion Control for Infrastructure Sustainability

M28, Rehabilitation of Water Mains

M29, Water utility Capital Financing

M30, Precoat Filtration

M31, Distribution System Requirements for Fire Protection

M32, Computer Modeling of Water Distribution Systems

M33, Flowmeters in Water Supply

M36, Water Audits and Loss Control Programs

M37, Operational Control of Coagulation and Filtration Processes

M38, Electrodialysis and Electrodialysis Reversal

M41, Ductile-Iron Pipe and Fittings

M42, Steel Water-Storage Tanks

M44, Distribution Valves: Selection Installation, Field Testing, and Maintenance

M45, Fiberglass Pipe Design

M46, Reverse Osmosis and Nanofiltration

M47, Capital Project Delivery

M48, Waterborne Pathogens

M49, Quarter-turn Valves: Head Loss Torque, and Cavitation Analysis

M50, Water Resources Planning

M51, Air Valves: Air-release , Air / Vacuum and Combination

M52, Water Conservation Programs-A Planning Manual

M53, Microfiltration and Ultrafiltration Membranes for Drinking Water

M54, Developing Rates for Small Systems

M55, PE Pipe-Design and Installation

M56, Nitrification Prevention and Control in Drinking Water

M57, Algae: Source to Treatment

M58, Internal Corrosion Control in Water Distribution Systems

M60, Drought Preparedness and Response

M61, Desalination of Seawater

M62, Membrane Applications for Water Reuse

M63, Aquifer Storage and Recovery

M65, On-Site Generation of Hypochlorite

M66, Cylinder and Vane Actuators and Controls-Design and Installation

M68, Water Quality in Distribution Systems

M69, Inland Desalination and Concentrate Management

M77, Condition Assessment of Water Mains

5. 国内外主要技术规范标准编制单位

（1）中国　GB，CECS，CJJ，DB

中国城镇供水排水协会

http: //www. cuwa. org. cn/

中华人民共和国住房和城乡建设部

http: //www. mohurd. gov. cn/

国家标准化管理委员会

http: //www. sac. gov. cn/

行业标准信息服务平台

http: //hbba. sacinfo. org. cn/

上海市政工程设计研究总院（集团）有限公司

www. smedi. com

北京市自来水集团有限责任公司

https: //www. bjwatergroup. com. cn/#/

北京市市政工程设计研究总院有限公司

http: //www. bmedi. cn/

广州市市政集团有限公司

http: //www. gzsz. com. cn/

（2）日本水道协会

http: //www. jwwa. or. jp/

（3）美国土木工程师学会

https: //www. asce. org/

美国机械工程师协会

https: //www. asme. org/

美国水行业协会

https: //www. awwa. org/

国际水协会

https: //iwa-network. org/

（4）英国标准协会

https: //www. bsigroup. com/

（5）德国燃气与水工业协会

https: //www. dvgw. de/

（6）国际标准化组织

https: //www. iso. org/

后记

农历己亥年春节刚过，应中国城市规划协会地下管线专业委员会邀请，我带队三人赴京汇报 2019 年年度工作。承蒙专委会秘书长及各位学术委员会专家们厚爱晚辈、提携后学，提议请同济大学牵头组织编写《2018 中国城市地下管线发展报告——供排水篇》(以下简称《报告》)，并由我担任主编。同年 3 月，在研究组各位老师和行业同仁们的大力支持下，初生牛犊不怕虎，即刻成立编写工作组，全体成员踌躇满志、不辱使命、勇挑重担、砥砺前行，并于 5 月在上海组织召开了编写启动暨第一次工作会议，商议编制《报告》大纲，正式组建编写队伍，布置分工任务，启动资料收集与数据整理、信息采集与文本编写等系列工作。

2019 年 10 月，在各位编写成员的大力协作下，时光荏苒，短短半年，三百余页书稿始成，随后在北京召开了编委会内部意见征询讨论，对初稿内容进行细致审阅。11 月，中国城市规划协会地下管线专业委员会在杭州组织召开了 2019 年全国年会，并对待版图书进行了专题发布和宣传推介，一时《报告》可谓万众瞩目、倍受期待，同时我也倍感肩负责任万斤。2019 年 12 月—2020 年 1 月，为更好编写图书并补充数据，编写组主要成员策划再次分批组织到北京、广州等地走访行业部门开展调研，为后续编写收集材料，并与行业大咖交换意见，以期加快进度、提高质量，确保本《报告》顺利完成。

天有不测风云，2020 年庚子岁初，突逢百年不遇之大变局——全球遭遇新冠肺炎疫情，一时全国上下进入抗疫状态，各地限行、隔离等防控措施并举，《报告》出版也严重受挫，半年光阴转瞬即逝，编写工作滞缓困顿。2020 年 9 月 9 日，阴霾散去、开云见日，全国抗击新冠肺炎疫情表彰大会在京隆重举行，为《报告》出版再掀新机，于是编写工作组即刻赴京，确定 2020 年年会之际《报告》正式发行。

今日《报告》图书即将付梓之刻，俯首掩卷，感慨诸多，纵有千言，难以全表。首先，感谢专委会及各位领导同仁包括王晓东、刘会忠、江贻芳、刘克会、李学军等领导学长奖掖后学、包容指点。其次，感谢各编写单位与参编团队齐心协力、鼎力支持，尤其是团队成员包括刘威、赫磊、王飞、宁超列、郑茂辉等各位老师秉承薪火相传、责任在肩的奉献品格和克服万难、挑灯夜战的坚守精神。最后衷心感谢同济大学出版社吕炜、马继兰等老师紧盯细嘱、不辞辛苦。试想如无上述诸位先生、长者、同仁和朋友们的倾力相助、集思广益、众志成城和督阵催战，恐因万难临半途折返而不能及时守成！

本书紧扣“城市供排水管线安全”主题展开，针对我国城市地下管网安全问题端倪普现、局部加剧突显等困境，以现状、问题、对策与借鉴四个篇章来概述。然则，《报告》在前期资料调研、数据收集和素材整理中面临严重的资料匮乏、数据散乱等客观制约，政府政策、行业发展、学科建设、社会认识等也仍有待时日，同时，也因时局突变出行受阻而无法全面实施国内外实践借鉴的资料调研，因此存有数据不全、分析不透、揭示不深、案例不丰等实际问题，让遗憾毕现各处，这令吾众时有惶惶，恐因己之专业之失，未能尝尽责而留贻误。古人云“万事开头难，凡事皆有终”，《报告》编写一波三折，书中难免存在疏漏，实属本人之责，望不吝赐教，愿洗耳恭听。又云“凡是过往，皆为序章”，诚如近日习近平同志在《国家中长期经济社会发展战略若干重大问题》一文中指出，“城市旧城和老旧小区改造中，地下管网等方面都有巨大需求和发展空间”。相信随着我国经济社会与城镇化迅猛发展和人民对美好城市生活向往需求日益提升，我国城市供排水管网事业也必将迎来新的发展机遇，今日之困于“怀珠踽行、虽艰自熠”之局面，必将换作明日“众人拾薪、焰高火旺”之态势。《报告》的出版，书写时代，不忘初心，期冀可作为国家行业阶段发展的膏方和后续工作的药引；筚路蓝缕，抛砖引玉，希望能唤起全社会对我国城市市政管网安全事业的高度重视与实践突破。唯有少年多壮志，敢叫日月换新天，待来日时机成熟，再续书缘以作新篇。

胡群芳

2020 年 11 月

图书在版编目(CIP)数据

2018 中国城市地下管线发展报告.供排水篇 / 胡群芳主编.—上海:同济大学出版社,2020.11
ISBN 978-7-5608-9348-8

Ⅰ.①2… Ⅱ.①胡… Ⅲ.①地下管道—给排水系统—研究报告—中国—2018 Ⅳ.①TU990.3

中国版本图书馆 CIP 数据核字(2020)第 131696 号

2018 中国城市地下管线发展报告——供排水篇

胡群芳 主编

出 品 人: 华春荣
责任编辑: 吕 炜 马继兰
责任校对: 徐春莲
装帧设计: 唐思雯

出版发行 同济大学出版社 www.tongjipress.com.cn
(地址:上海市四平路 1239 号 邮编:200092 电话:021-65985622)
经 销 全国各地新华书店、建筑书店、网络书店
排版制作 南京文脉图文设计制作有限公司
印 刷 上海安枫印务有限公司
开 本 787mm×1092mm 1/16
印 张 12.5
字 数 312 000
版 次 2020 年 11 月第 1 版 2020 年 11 月第 1 次印刷
书 号 ISBN 978-7-5608-9348-8
定 价 168.00 元